Die Papageienflüsterin

Mehr Geschichten aus der Vogelschule

Ann Castro

Die Papageienflüsterin

Mehr Geschichten aus der Vogelschule

Ann M. Castro

AdlA

Die Deutsche Bibliothek verzeichnet diese Publikation in der Deutschen Nationalbibliografie; detaillierte bibliografische Daten sind im Internet über http://dnb.ddb.de abrufbar.

Castro, Ann:
Die Papageienflüsterin. Mehr Geschichten aus der Vogelschule /
Ann M. Castro.
1. Auflage – Hattersheim: AdlA Papageienhilfe gGmbH, 2011

Alle Angaben in diesem Buch sind sorgfältig geprüft und geben den neuesten Wissensstand bei der Veröffentlichung wieder. Da sich das Wissen aber laufend weiterentwickelt und vergrößert, muss jeder Anwender prüfen, ob die Angaben nicht durch neuere Erkenntnisse überholt sind. Eine Haftung der Autorin beziehungsweise des Verlags und seiner Beauftragten für Personen-, Sach- und Vermögensschäden ist ausgeschlossen.

Layout: Ann M. Castro
Umschlag: Ann M. Castro
Lektorat: Thilo Hagen
Druckerei: Saarländische Druckerei & Verlag GmbH

Printed in Germany
ISBN 978-3-939770-32-9
PDF: ISBN 978-3-939770-33-6
epub: ISBN 978-3-939770-34-3

Dieses Buch ist all den kleinen Papageienarten gewidmet, die noch immer wie Wegwerfartikel behandelt werden. Auch Wellensittiche, Agaporniden, Nymphensittiche usw. lieben, leiden, fühlen Schmerzen und trauern. Sie benötigen dieselbe Fürsorge und medizinische Versorgung wie ihre großen, kostenspieligeren Verwandten.

Ich wünschte, ich könnte Euch allen helfen.

Die Protagonisten

Hector	Graupapageienhahn
Lily	Graupapageienhenne
Aladdine	Agapornidenhenne
Jazz	Agapornidenhahn
Jack	Grünflügelarahahn
Scarlett	Grünflügelarahenne
Pablo	Graupapageienhahn
Flores	Graupapageienhenne
Tina	Orangehaubenkakaduhenne
Timmy	Orangehaubenkakaduhahn
Oscar/Oscarine/Lucy	Rotbugarahenne
Poldie/Polly	Blaustirnsittichhenne
Lisa	Graupapageienhenne
Max	Graupapageienhahn

Inhalt

1. Vorwort

Nach Nikitas überraschendem Tod fühlten wir uns völlig aus der Bahn geworfen. Doch das Leben ging weiter. Jack brauchte einen neuen Partner. Mit zwei Aras, vier Grauen und zwei Agaporniden benötigten wir dringend mehr Platz. Der Umzug ins Papageienparadies mit Tropenhaus, erfolgte einige Monate später. Dies erlaubte die Aufnahme weiterer Papageien mit diversen Problemen und Problemchen. Diese waren meine größten Lehrmeister.

Ich werde häufig als Papageienflüsterin bezeichnet. Die Fähigkeit, Papageien zu verstehen und ihnen zu helfen, haben mir meine Tiere beigebracht. Wenn Ihr meine Geschichte lest, werdet Ihr sehen, dass hierbei keine „Magie“ im Spiel ist. Die Fähigkeit, Papageien zu verstehen, ist keine, mit der man geboren werden muss. Vielmehr ist diese Fähigkeit eine erlernte. Die Lektionen wurden mir vorgegeben von den Themen, mit denen meine Tiere zu mir kamen, und meinem Bedürfnis, sie gut zu versorgen und ihnen helfen zu können. Wie beim Erlernen jeder Fremdsprache gab es auch hier reichlich Missverständnisse und Frustrationen. Diese wurden jedoch durch Hartnäckigkeit und den absoluten Willen meiner gefiederten Mitbewohner und mir, uns einander verständlich zu machen, überwunden.

Wenn Ihr also die Harmonie zwischen uns bewundert und beneidet, dann würde ich Euch darum bitten, immer daran zu denken, dass dies für Euch genauso möglich ist wie für mich. Ich würde mir wünschen, dass die Lektüre meiner Geschichte Euch auf diesem Weg unterstützt, motiviert und natürlich auch unterhält.
Lacht mit mir. Weint mit mir. Und knuddelt Eure Tiere für mich. ☺

Liebe Grüße,

Ann.

P.S. Leider sind die Bilder, die mir aus dieser Zeit zur Verfügung stehen, nicht in der für eine Buchveröffentlichung erforderlichen Qualität. Damit Ihr Euch meine gefiederten Mitbewohner besser vorstellen könnt, habe ich die Bilder aber auf meine Webseite hochgeladen (www.annsworld.de).

2. Die Zeit danach

16-12-2003

Vielen Dank für all Eure lieben Worte.
Beim Lesen laufen mir wieder die Tränen runter – aber das soll ja Heilen helfen … sagt man …
Ich kann es immer noch nicht fassen, dass Nikita nicht mehr bei uns ist …
… auch die Tiere leiden. Jack sucht immer noch nach ihr, und Lily hat angefangen zu rupfen … es ist ein Elend.
Ach, mir fehlen die Worte, das auszudrücken, was ich eigentlich sagen will.
Habt Dank für Eure Anteilnahme.

12-01-2004

Ja, es fällt mir unendlich schwer, mich daran zu gewöhnen, dass Nikita nicht mehr da ist. Ich breche immer noch mindestens einmal am Tag in Tränen aus, es ist wirklich schrecklich. Und ehrlich gesagt, wird es auch nicht wirklich besser. Trotzdem vielen Dank für Deine lieben Zeilen. Es braucht halt einfach seine Zeit.

13-01-2004

Jack hat Nikita natürlich überall gesucht. Hin und wieder, wenn er an ihrem Lieblingsplatz vorbeikommt – sie hat sich gern in eine Transportbox gekuschelt –, steckt er den Kopf hinein und ruft „Kuckuck“. Das gibt mir jedes Mal einen Stich. Ansonsten hat er sich extrem eng an mich angeschlossen, aber ich bin eben zehn Stunden am Tag nicht da. Er scheint mit Hector zwar ein wenig Blödsinn zu machen, aber größtenteils hat er derzeit keinen Spielgefährten außer mir.

Ich habe natürlich sofort die Suche nach einer neuen Partnerin für Jack aufgenommen. Irgendwelche Abgabetiere – Fehlanzeige. Also ein Jungtier. Diesmal möchte ich keine Handaufzucht, sondern eine Naturbrut.

Habe, ehrlich gesagt, die Nase voll von „liebevollen“ Handaufzuchten, die Horror vor Händen haben, Mangelerscheinungen oder, wie in Nikitas Fall, ein völlig eingedrücktes Gesicht und deformierten Schnabel, weil es verkehrt gemacht wurde. Dazu kommt das Problem mit Verhaltensstörungen. Die Beweise häufen sich, dass diese eng mit Handaufzuchten in Verbindung stehen.

In ganz Deutschland habe ich zwei Züchter gefunden die eine dunkelrote Naturbruthenne derzeit zur Verfügung haben. Die Henne, die ich aussuchte, hat die Ankaufsuntersuchung beim ersten Anlauf nicht bestanden.

Sie hat eine, auf dem Röntgenbild zu sehende, stark vergrößerte Milz. Muss ziemlich heftig sein, dass man es überhaupt auf dem Röntgenbild sehen kann. Außerdem hatte sie einen erhöhten Leukozytenzähler. Eindeutig kämpft sie mit einem Infekt.

Sämtliche anderen Tests waren aber negativ, sodass dann erst einmal die Suche losging, was sie denn haben könnte, das eine solche Reaktion in ihrem Körper auslöste. Es wurden dann bei einer weiteren Kotuntersuchung E. coli gefunden. Dagegen wurde sie jetzt zehn Tage mit einem spezifischen Antibiotikum behandelt. Am Mittwoch wird ihr nochmal Blut für einen erneuten Leukozytenzähler abgenommen. Ist der in Ordnung, wird sie nochmal wegen der Milz geröntgt. Ich hoffe sehr, dass dann alles in Ordnung mit ihr ist und es tatsächlich an den E. coli gelegen hat. Wenn nicht, werde ich wohl vom Kauf zurücktreten und weitersuchen müssen. Es gibt einfach zu viele gravierende Krankheiten, die man am lebenden Papagei gar nicht nachweisen kann, als dass ich es wagen würde, ein Tier ins Haus zu holen, das eine unidentifizierte Krankheit hat. Niemals würde ich die Gesundheit meiner anderen Vögel so fahrlässig gefährden.
Wie dem auch sei, wenn alles in Ordnung ist – hoffentlich bekomme ich die Ergebnisse nächste Woche –, werde ich sie am folgenden Wochenende abholen.
Das ist der derzeitige Stand der Dinge.

16-01-2004

Danke für Deine lieben Worte.
Der Züchter hat es leider erst heute zum Tierarzt geschafft. Als ich den Tierarzt anrief, um die Ergebnisse abzufragen, waren er und die Henne gerade zum Blutabnehmen da.
Also wird es leider dieses Wochenende nicht klappen. Hoffentlich nächstes! Drück uns die Daumen!

Heute Abend aus der Life-Comedy-Show …
Ich stand in der Küche mit Jack auf dem Arm, als Pablo leicht torkelnd (er lernt das Fliegen ja noch) angeflogen kam. Mein Arm war besetzt, auf dem Kopf ist „off limits“, drumherum ging nicht … kurz nachgedacht … und in Jacks Schwanzende gelandet. Dort hing er wie ein Pendel ungefähr eine Viertelsekunde bis das Chaos ausbrach.
Ein Ara, wild auf meinem Arm herumhopsend, hangelnd, sich windend, der versucht an den Feind an seinem Schwanz ranzukommen. Ein Grauer, der sich panisch an demselbigen festhält, dabei wild flattert und immer wieder mit Schwanz in den Krallen „abhebt“ und Jack von hinten hochreißt … der daraufhin noch wilder herumturnt, um sein Gleichgewicht zu halten.
Irgendwie habe ich das Knäuel wieder entwirrt und dabei Tränen gelacht. Wie schade, dass in solchen Momenten niemand mit der Kamera daneben steht …

3. Die Roten

26-01-2004

Am Samstag habe ich Scarlett, Jacks neue Frau, vom Züchter abgeholt. Er hat auf mich einen ausgezeichneten Eindruck gemacht und mir auch seine Zuchtanlage gezeigt – klein aber fein.

Scarletts Vater sieht Jack sehr ähnlich (außer natürlich, dass er einen vollen Schnabel hat), sodass ich denke, dass sie auch physisch gut zusammenpassen müssten. Scarlett saß mit ihrer Schwester und einem flugunfähigen hellroten Ara, Balthasar, in einer Voliere zusammen. Da sie eine nicht zahme Naturbrut ist, musste sie mit dem Kescher gefangen werden, während Balthasar als ihr Beschützer vehement auf die Füße des Tierarztes losging, der auch zu Besuch gekommen war. An ihn wurde die unschöne Aufgabe des Einfangens sogleich weiterdelegiert. <lach>

Als Scarlett sich in „Okay, ich gebe auf, ihr dürft mich töten"-Haltung auf den Rücken warf, tat sie mir so leid! Die arme kleine Maus. In der Transportbox hockte sie dann völlig verängstigt und knurrte alle an. Ich habe sie ins Auto neben mich auf den Beifahrersitz gestellt, weil ich sie so

besser im Auge behalten konnte. Wenn man bei „komischen Geräuschen“ jedes Mal auf die Rückbank blickt, ist ein Unfall ja fast vorprogrammiert.
Zuerst hatte ich meine Jacke über die Box gelegt, damit sie sich geschützt fühlen konnte. Nach und nach schob ich diese während der Fahrt zur Seite. Nach der ersten halben Stunde hatte sie sich soweit beruhigt, dass sie Erdnüsse (selbstverständlich nur die guten, aspergillosefreien, gerösteten, ungesalzenen, in Lebensmittelqualität – will ja nicht, dass meine Tiere krank werden!) aus meiner Hand nahm. Aus der Hand gefressen hat sie früher auch beim Züchter, ehe er sie mehrfach einfangen und zum Tierarzt bringen musste für die Tests und Behandlung. Natürlich habe ich mich sehr gefreut, dass sie sich so schnell entspannte.
Dann habe ich ein bisschen gesungen und ihr immer wieder mal eine Erdnuss angeboten. Ich glaube, sie war dann ziemlich pappsatt, jedenfalls wollte sie nichts mehr. Anschließend haben wir ein wenig „Kuckuck“ gespielt. Immer wenn ich nicht hinsah, hat sie sich ein bisschen in der Transportbox heruntergebeugt, um das seltsame federlose Wesen neben sich zu begutachten. Ich habe dann immer hingeguckt und „Hallo“ und ähnliche Sachen gesagt. Dabei wurden wir immer ausgelassener. Ich hatte den Eindruck, dass es ihr auch Spaß macht und dass sie recht neugierig ist.
Dann habe ich meine Hand in die Nähe des Gitters gelegt und stückchenweise immer ein bisschen näher herangeschoben bis sie schließlich am Gitter lag. Und dann begann Scarlett ganz, ganz vorsichtig meine Finger mit ihrer Zunge zu erkunden. Ganz zart war sie dabei! Ich habe ihr dann die

Zunge gestreichelt, und so spielten wir ein wenig miteinander. Zum Schluss war sie soweit, dass ich meine Hand recht schnell an das Gitter legen und ihren Schnabel oder die Zunge berühren konnte, ohne dass sie Angst zeigte. Natürlich habe ich sofort den Züchter angerufen und ihm davon erzählt. Der lachte und meinte, dass es wohl Liebe auf den ersten Blick sei. Genau!!! <grins>
Als wir in die Straße zu meinem Haus einbogen hat sie sich so weit entspannt, dass sie einen riesengroßen Klecks abließ. Meine Güte hat der gestunken. Sie muss ihn ganz schön lange einbehalten haben. Sie riecht auch allgemein ein wenig streng und sieht ziemlich schmuddelig aus. Ich denke mal, dass sie während des Winters nicht geduscht wurde, da es in der Voliere beziehungsweise im Schutzhaus nicht so warm ist.
Zu Hause angekommen, habe ich Scarlett erst einmal im Flur abgestellt und das Vogelzimmer aufgemacht. Ziel war ja eigentlich: alle Grauen raus und nur die Aras rein. Nun ja, die Theorie stellt sich meist anders als die Praxis dar. Schon im Flur ist Jack zu ihr hin und war ganz aufgeregt. Er sagte mir mehrfach begeistert „I love you", wie er es immer macht, wenn er etwas richtig gut findet. Also Box ins Vogelzimmer gestellt und Tür auf. Jack zu ihr hin – zack – eins übergebraten bekommen. Mehr oder minder geordneter Rückzug … Der arme Jack!
Dann ist sie aus der Box auf deren Tür gekrabbelt. Jack wieder hin. Zack mit dem Schnabel. Sie auf einen Ast geflogen. Jack hinterher … Zack! So ging es ein paarmal bis Jack aufgab. Scarlett hockte auch wie ein Häufchen Elend da.

Nach einiger Zeit fing sie an, das Vogelzimmer zu erkunden. Zu mir ist sie nicht gekommen. Und als ich versuchte, ihr näherzukommen, hat sie gezeigt, dass sie sich damit nicht wohl fühlt. Also habe ich sie in Ruhe gelassen.
Da ihr Schwanz derzeit so gut wie nicht existent ist, hat sie auch ein Gleichgewichtsproblem. Das Laufen über den Draht, war ein ziemlicher Flop.
Ich habe mich dann ins Wohnzimmer gesetzt, mit den Grauen und Jack Fernsehen geguckt und Macadamianüsse verschnabuliert. Ich durfte für sie die Nüsse knacken, während alle ungeduldig von einem Beinchen aufs andere zappelten. Scarlett zeigte gar kein Interesse an uns. Irgendwann gingen wir dann schlafen.

27-01-2004

Tag 1. (Sonntag)
Neuer Tag, neues Glück. Nach dem Füttern habe ich mal alle ins Vogelzimmer eingesperrt. Super Idee! Jack zu ihr hin. Sie flog weg. Dies führte zu einer „lustigen" Verfolgungsjagd kreuz und quer durch das Vogelzimmer, wobei jedes Mal auch die Grauen aufgescheucht wurden. Ich habe dann die Tür aufgemacht, damit sich die Lage ein wenig entspannte.
Scarlett stößt sehr regelmäßig jede Sekunde einen kleinen ziemlich nervigen Schrei aus, und das nonstop seit gestern, mit Ausnahme der Schlafenszeit. Das zerrt richtig an den Nerven. Außerdem hatte ich mittlerweile Kopfschmerzen. Oh Herr, gib mir Geduld!!!

Duschen war Fehlanzeige. Das gefiel ihr überhaupt nicht. Dafür hat Jack drei Liter über sich versprühen lassen und hätte auch noch mehr gewollt. So war zumindest er blitz-blank.
Am Nachmittag hat Jack Scarlett dann wieder verfolgt, bis sie ins Wohnzimmer auf den Kletterbaum geflüchtet ist. Dann war auch noch Besuch angesagt, Forenkollegin Heike. Sie hat gaaanz viele Sonnenblumenkerne mitgebracht … und ganz viel Schokopudding für die Federlosen. ☺ ☺ ☺
Nachdem alle Geier im Vogelzimmer ihre Leckerbissenrationen einforderten, hat auch Scarlett ein paar Erdnüsse aus meiner Hand genommen.

Nachdem die Rumjagerei wieder losging, habe ich Jack irgendwann einfach am Schwanz festgehalten. Das fand er gar nicht gut. <lach> Dann habe ich ihn im Arm gehalten und ihm alles nochmal erklärt. Lieb sein, Deine Ehefrau, es ist ein Baby usw. Nun gut, sie müssen sich aussortieren. Zumindest sind die Grauen und die Agas mittlerweile ganz entspannt.
Auch mir gegenüber tut sich Scarlett relativ leicht. Heute Morgen hat sie Weintrauben aus meiner Hand genommen. Ich musste allerdings auf einen Hocker krabbeln, um nah genug an sie heranzukommen. Wie alle, saß sie nicht etwa auf den Naturästen, sondern auf den Spanndrähten, obwohl einige von den Ästen sogar höher als die Drähte sind … Muss man nicht verstehen. Moderne Tiere eben.

Bin mal gespannt, wie lange es dauert, bis sie zu mir kommt. Gleich geht‘s weiter, denn heute fing für Scarlett der Ernst des Lebens an …

Während Jack inhalierte, also auf gut Deutsch aus dem Weg war, habe ich mit Scarlett schnell den Clicker konditioniert, und los ging‘s.
Sie hat die Targetstick-Übung sofort kapiert. Unglaublich dieses Tier. Beim ersten Mal griff sie ihn und versuchte ihn mir aus der Hand zu ziehen – nix da, ich bin stärker. <lach> Pinienkern hingehalten, und, siehe da, sie ließ den Targetstick sofort los und nahm sich den Pinienkern. Danach hat sie kein einziges Mal mehr versucht, mir den Targetstick aus der Hand zu ringen, sondern hat ihn sofort nach dem Click wieder losgelassen. Braves, kluges Mädchen.
Sie hatte auch ganz schnell kapiert, dass sie dem Targetstick folgen muss. Da sie allerdings oben auf dem Draht saß, war das nicht ganz so leicht. Klettern kann sie nicht sehr gut. Das muss sie noch lernen. Aber sie hat das Konzept des Targetsticks definitiv verstanden und sich mächtig angestrengt. Mehr kann man doch nicht verlangen.
Später habe ich ihr Banane gereicht. Selbst dafür, bei allem Bemühen, hat sie es einfach nicht geschafft, vom Draht die dicke Plastikkette oder den Sisalring herunterzuklettern. Und wie sie probiert hat. Aber es ging einfach nicht.
Ich habe mich dann ihrer erbarmt und habe ihr das Stück hochgereicht. Auf Deutsch: Ich durfte klettern. Das kann

ich auch besser als sie. <lach> Und dann hat sie ganz lieb an meinen Fingern geknabbert. Jedes Mal wenn sie zu fest wurde, habe ich ein wenig gequiekt. Sie hat dann sofort locker gelassen.
Den Schnabel durfte ich auch ein wenig kratzen. Nur wenn man an Haut kommt, wird sie sehr nervös und macht einen Rückzieher. Das braucht noch Zeit. Ihre Krallen habe ich auch zweimal kurz berühren können. Ach, es sieht doch ganz gut aus, finde ich. Mal schauen, was morgen passiert.

Danke für Euer Interesse und Eure lieben Grüße und guten Wünsche.
Ich bin hin und weg von Scarlett. Wie machen es die Roten nur, dass sie einem so schnell ins Herz kriechen?
Heute Morgen gab es als Abschiedsschmankerl Birnenstücke. Die Grauen und Jack schmatzten alsbald glücklich vor sich hin. Um Scarlett ihr Leckerli reichen zu können, musste ich wieder den Umweg über den Hocker nehmen. Sie reagiert mittlerweile völlig entspannt auf meine Annäherungsversuche. Keinerlei Abwehrhaltung ist zu sehen.
Also Birnchen hingehalten. Scarlett beäugte diese misstrauisch. Dann frei nach dem Motto „ich kenn es zwar nicht, und ich mag es auch nicht, aber ich werde Dir mal den Gefallen tun" biss sie ein Stück ab, spuckte es aus, biss das nächste Stück ab, spuckte es aus usw., bis sie das ganze Birnenstück „aufgegessen" hatte. Zwischendurch leckte und knabberte sie immer wieder mal an meinen Fingern.

Wenn ich versuche, sie zu streicheln – ganz vorsichtig mit einem Finger am Schnabel hoch zum Gesicht hin –, reagiert sie immer noch sehr misstrauisch und macht einen Rückzieher. Aber das kommt schon noch. Ich bin sehr zuversichtlich. Jack, mein großer Schatz, war heute Morgen wirklich toll. Er tendiert normalerweise sehr stark dazu, immer im Mittelpunkt stehen zu wollen, und ist auch furchtbar verfressen. Natürlich kam er sofort an, als ich anfing, Scarlett zu füttern. Ich machte mich schon auf erhebliche Rangeleien gefasst. Aber er saß ganz entspannt auf meiner Schulter, hat sich nicht aufgedrängt, hat auch nicht versucht, an ihre Leckerbissen dranzukommen, und hat einfach abgewartet bis er dran war. Wirklich klasse, wie der Kleine sich benommen hat. Jackpot fürs Jackilein. ☺

Habe herausgefunden, dass mein süßer kleiner Jack nicht ganz so klein ist, wie ich immer meine (Ja,ja, sie „schrumpfen"). Sein Gewicht (1320 Gramm) liegt fast bei dem eines durchschnittlichen Hyazintharas (1366 Gramm) – und er ist überhaupt nicht fett!

28-01-2004

Hallo Ihr Lieben! Danke, danke! ☺

Augenscheinlich hat die kleine Scarlett mich schon fest mit Leckerbissen verknüpft. Denn als ich nach Hause kam und das Vogelzimmer betrat, kam sie gleich auf einen Ast zu

mir gelaufen. Natürlich wurde sie dick belohnt. Alle anderen natürlich auch. Keine Angst, die kommen nicht zu kurz. <grins> Nur vor Jack hat sie leider noch ziemliche Angst. Geht er auf sie zu, läuft oder fliegt sie weg. Na wenigstens hat sie so gelernt, die dicke Plastikkette hochzuklettern – wenn auch nicht runter, aber das kommt dann wohl noch.
Nachdem ich Jack zum Inhalieren in die Box gesetzt hatte, bin ich mit Leckerlibeutel am Gürtel und Targetstick in der Hand wieder ins Vogelzimmer. Dort bin ich völlig überrascht worden.
Kaum sah Scarlett den Targetstick, ist sie ganz aufgeregt herangeeilt. Sie flog vom Kletterbaum am Fenster auf das Spanndrahtkreuz in der Mitte des Zimmers, von da auf den Käfig, dann kraxelte sie mühsam ein Leiterchen hinunter bis auf den Ast vor mir. Jackpot!!! Wirklich klug, die Kleine!
Ganz problemlos lief sie während der Trainingsstunde dem Targetstick hinterher. Von so viel Erfolg übermütig geworden, versuchte ich sofort – ich weiß, Geduhuuuld ☺ –, sie mit dem Targetstick auf den Unterarm zu locken. Riesenfehlanzeige. Vor dem Unterarm hatte sie so viel Angst, dass sie sofort Reißaus nahm. Also nochmal drei Schritte zurück, sie wieder herangelockt und Targetstick über den Unterarm gehalten mit gut 30 Zentimeter Abstand zum Vogel. Das haben wir ein paarmal gemacht und Schluss.

Naturbrut = Naturtalent. Das ist ja ein witziges Wortspiel – war mir noch gar nicht aufgefallen. Danke. <freu>

Heute Abend werde ich weitere Annäherungsversuche an die Hand üben. Die Kleine hat für einen Tag wahrlich genug geleistet.

29-01-2004

Um Himmel willen … bitte nicht unter Erfolgsdruck setzen. Ich muss doch Geduhuuuuuld haben. ☺ ☺ ☺

Also, Scarlett kommt jetzt ziemlich zügig zu mir, wenn ich ins Vogelzimmer komme. Sie hat sogar lieber aus meiner Hand statt aus der Schale gefressen, in der genau das Gleiche war (Nussmischung).

Als ich in der Küche mit allen anderen das Abendessen fertig machte, hat sie ohne Unterlass Kontaktrufe von sich gegeben. Dies hat mich natürlich in ein Dilemma gestürzt. Antworte ich, verstärke ich das nicht besonders attraktive Rumkrächzen. Andererseits ist für sie alles so neu und einsam, da sie ihre Freunde nicht mehr hat, dass man ihr eigentlich jedes bisschen Unterstützung gewähren muss.

Als wir dann im Schlafzimmer spielten – genau das Gleiche. Man merkt, dass sie ganz schön zerrissen ist. Sie klettert so hin, dass sie uns vom Vogelzimmer aus sehen kann. Aber zum Rüberkommen und Mitmachen ist die Angst noch viel zu groß.

Danke für das Lob. <freu> Ich bilde mir ein, dass Scarlett Jack gegenüber etwas entspannter wird. Sie flüchtet zwar

noch, aber sie lässt ihn näher herankommen als am Anfang. Ihre Flucht ist auch nicht mehr panisch, sondern eher ein gepflegtes Wegfliegen. Ich bin guter Hoffnung, dass das noch wird. Rückschläge gibt es und wird es auch immer geben, da ich eben auch ungeduldig bin.
Ich überspanne den Bogen ein wenig, um zu sehen, wie weit ich gehen kann. Dann gehe ich allerdings sofort wieder ein paar Trainingsschritte zurück und langsamer wieder vorwärts. Es kommt mir schon ein wenig seltsam vor, dass Scarlett Angst vor meiner Hand und meinem Arm hat, wenn ich sie in Aufsteigeposition halte, aber nicht wenn ich ihr ein Leckerli geben will.
Sehr gut fürs Training ist, dass sie neugierig ist und Eigeninitiative entwickelt. So hat sie gestern versuchsweise die Aufsteigehand statt des Targetsticks berührt, dann den Clicker und auch die Hand, in der ich den Clicker halte. Das Training mit ihr wird, so glaube ich, recht einfach sein.
Ach was, es ist schon einfach. Ich hatte mir drei Wochen gegeben, bis sie mir aus der Hand frisst. Es hat eine halbe Stunde gedauert. <lach> Habe die Kleine völlig unterschätzt.

<lach> Natürlich habe ich mir schon mal überlegt, wie ich die Arbeit mit den Vögeln zum Beruf machen könnte. Es würde ja auch irre Spaß machen. Aber ich glaube nicht, dass man sich damit über Wasser halten kann (heißt: Hypothek und Vogelfutter bezahlen kann). Sonst müsste das Clickerforum demnächst noch kostenpflichtig sein.

Ich hatte mal ein Clickerseminar organisiert. Da hat sich ein ganzes Wochenende lang ein Tierarzt mit Spezialisierung auf Verhaltenstraining hingestellt. Räumlichkeiten habe ich unentgeltlich zur Verfügung gestellt. Für Snacks und Getränke war auch gesorgt.
Für das ganze Wochenende haben wir 150 Euro verlangt. Das fanden viele viel zu teuer. Zum Schluss haben vier zahlende Teilnehmer mitgemacht. Wir haben also zu zweit 600 Euro für ein ganzes Wochenende Arbeit plus ungefähr nochmal doppelt so viel an Vorbereitungszeit bekommen.
Wenn man nur die Seminarzeit zählt und die Kosten für Verpflegung, Vorbereitung, Material, Räumlichkeiten nicht abzieht, sind das nur 37,50 Euro (brutto) die Stunde. Im Vergleich dazu: ein Facharbeiter am Bau bekommt 40 Euro (netto). Ich glaube, es ist unnötig zu sagen, dass ich den Tierarzt nie wieder für so etwas gewinnen kann.
Ich weiß auch nicht, warum es so ist. Für Hundestunden wird viel mehr bezahlt. Außerdem gibt es auch viel mehr Hunde, deren Besitzer mit ihnen Trainingsstunden und Verhaltenstherapien aufsuchen. Obwohl Hunde ein wesentlich kürzeres Leben haben, sich die Investition also sozusagen weniger lohnt (ugh … das hört sich grässlich an, aber Du weißt was ich meine).
Mittlerweile ist es mit dem Forum aber so schlimm geworden, dass ich hier beim Beantworten von Fragen sowie durch E-Mail-Anfragen und Telefonate im Durchschnitt pro Tag sicherlich zwei bis drei Stunden verliere. Das werde ich auch nicht immer machen können. Einerseits freue ich mich natürlich, möglichst vielen Tieren und ihren Haltern helfen

zu können. Und viele sind ja auch richtig nett und werden zu guten persönlichen Freunden. Andererseits muss ich, schon aus Selbstschutz, irgendwo eine Grenze ziehen. Ich habe mir echt schon überlegt, eine kostenpflichtige Nummer einzurichten und das Geld für die Papageienhilfe aufzuwenden. Oh je … jetzt habe ich Dir aufgrund eines witzig gemeinten Kommentares die Ohren abgesabbelt … sorry. Aber im Moment weiß ich echt nicht, wie ich das alles im Griff halten soll.

Ja, Du hast völlig recht. Ich stecke in einem moralischen Dilemma zwischen „allen und jedem helfen wollen" und „selbst leben und eigene Tiere versorgen".
An dem Seminar haben keine Pärchen teilgenommen. Allerdings eine Frau mit Tochter, die mitgeclickert hat. Für die Kleine war es umsonst. Ehrlich gesagt verstehe ich die Frage auch nicht so ganz. Wenn Du Skifahren oder ins Kino gehst, erwartest Du doch auch nicht, dass Du die zweite Person umsonst mitnehmen kannst. Für einen Abend mit Kino und Essen für zwei Personen ist man doch schon locker bei 60 Euro (Frankfurter Preise) und hat beileibe nicht soviel davon wie von einem derartigen Seminar. Bei einer solchen Einstellung bekommt man als „Veranstalter" natürlich noch mehr Probleme mit der Kostenrechnung.
Vielen Dank übrigens für die Komplimente.
Muss aber gestehen, dass es mich schon ärgert, wenn ich sehe, dass viele Leute zu gerne solche Dienstleistungen

umsonst in Anspruch nehmen, aber schnell das Interesse verlieren, wenn sie dafür zahlen sollen. Natürlich fragen sie lieber mich umsonst, statt den Verhaltens-Tierarzt hier in Frankfurt anzusprechen und zu bezahlen. Es ist schwierig, das in die richtigen Worte zu kleiden. Aber irgendwie erwarten die Leute, die zu geizig sind, für so etwas zu zahlen, dass ich völlig uneigennützig großzügig bin und ihnen meine Zeit spende, die nun wirklich extrem knapp bemessen ist. Das ist doch fast schon pervers. Außerdem gebe ich selbst ganz schön viel Geld für „papageienrelevante" Weiterbildung aus, denn nachts im Schlaf bekomme ich mein Wissen (leider) auch nicht.
Ich meine hier übrigens nicht das Clickerforum. Darauf habe ich mich ja völlig freiwillig eingelassen und werde es auch weiterhin tun, weil ich so etwas sehr wichtig finde und natürlich weil es mir auch Spaß macht. Hier im Forum sind die meisten sehr nett. Aber man begegnet schon hin und wieder Leuten, die mit einer Selbstverständlichkeit und in einem Ton Hilfe einfordern, dass mir die Spucke wegbleibt. Dummerweise sind es oft die schlimmsten Leute, deren Tiere die meiste Hilfe benötigen. Die kann man natürlich dann auch nicht im Stich lassen.
Aber genug gejammert. Jedenfalls weißt Du jetzt, warum ich meinen Job nicht schmeiße und nur noch Papageientraining beziehungsweise -verhaltenstherapie mache, obwohl mir das riesig Spaß machen würde.
Jetzt zum angenehmeren Teil: Habe heute Abend die Faxen dicke gehabt mit Jacks Herumjagerei von Scarlett und deshalb beschlossen, beide gemeinsam zu clickern. Hector,

Lily, Aladdine und Jazz (Pablo und Flores hatte ich kurzerhand im Käfig eingesperrt) kamen natürlich sofort mit dazu, was die Sache nicht unbedingt einfacher machte.
Nun aber zur Übung. Hierbei hatte ich Jack zunächst auf der Schulter. Dann habe ich Scarlett fürs Targetstick-geführte Näherkommen geclickt und Jack fürs Plustern zur Entspannung. Merke: so lange er plustert, kann er nicht angreifen. ☺
So habe ich sie nach und nach näher zusammengeführt bis ich die beiden so weit hatte, dass sie gleichzeitig Pinienkerne aus meiner Hand fraßen.
Als Nächstes setzte ich Jack auf einen Ast und clickte ihn fürs Sitzenbleiben, während ich Scarlett näher heranlockte. Das hat nicht so wirklich funktioniert. Zweimal hat Jack versucht, sie zu verscheuchen, woraufhin ich mich jedes Mal wortlos umdrehte und aus dem Zimmer ging. Also bin ich zurück zur Jack-auf-Schulter-Variante und clickte das noch kurz ein paarmal.
Dann habe ich Jack zum Inhalieren weggesetzt und mit Scarlett „alleine" geübt – wenn man von den anderen Geiern mal absieht. ☺ Das hat sehr gut geklappt. Ich konnte sie sogar kurz am Fuß streicheln und habe das erste Mal ihre Gesichtshaut berührt. Letzteres war offensichtlich sehr stressig für sie, sodass ich wieder zu einfachen Targetstick-Übungen zurückgewechselt bin. Sooo, das war's für heute.

Gestern wurde ich darüber informiert, dass „der Fall Nikita" von der Gesellschaft für Tierverhaltenstherapie als

Musterfall ausgewählt wurde. An diesem Musterfall orientieren sich die Bewerber für die Überweisungsliste, die ihre 25 Falldokumentationen ausarbeiten müssen.
Die Gesellschaft für Tierverhaltenstherapie ist ein Zusammenschluss von Tierärzten, die sich diesem Spezialgebiet der Veterinärmedizin widmen. Was man mit Clickertraining doch alles erreichen kann … <freu>

30-01-2004
Danke, danke. Ich habe mich auch schon wieder abgeregt. Aber Du hattest ja gefragt. <lach>
Ehrlich gesagt, bin ich unter der Woche so im Stress, dass ich mein ganzes Leben am Wochenende organisiere. Deswegen verreise ich sehr ungern am Wochenende. Die Zeit brauche ich einfach, um alles wieder in den Griff zu bekommen und zu regenerieren. Aber wenn Du Deine Vögel – wie Du es ja ohnehin vor hast, wenn es ihnen wieder besser geht – auf „Herz und Nieren“ überprüfen lässt und sie gesund sind, kannst Du sie gerne mitbringen. Platz ist ja genügend da.
Nun nochmal zu Scarlett. Die letzten Tage hat sie immer ganz neugierig von der sicheren Warte im Vogelzimmer aus zugeguckt, wenn wir alle zusammen in der Küche oder im Schlafzimmer spielten. Unter der Woche komme ich ja nie dazu, mich mal im Wohnzimmer hinzusetzen … einfach keine Zeit. <seufz>
Heute Morgen ist dann wohl die Versuchung zu groß geworden. Auf einmal hörte ich Flattern – sie war im Flur gelandet, taperte zur Schlafzimmertür und schaute rein.

Dann wurde Scarlett wohl auf einmal bewusst, was für ein Risiko sie gerade eingegangen war (wie Forenkollegin Eilika sagen würde: huhuuuuuu!!!!). So drehte sie sich ruck, zuck um, lief schnurstracks ins Vogelzimmer zurück und kletterte auf den Ast nahe der Tür. Auf dem Rückzug ließ sie sich von nichts (Nüsschen) und niemandem (meine Wenigkeit) ablenken. ☺
Auf dem Ast angekommen, ließ sie sich dann aber doch gerne feiern und ein wenig mit Leckerbissen verwöhnen. Sooo gruselig war es dann wohl doch nicht gewesen. ☺

<lach> Ja, das mit dem „Nein“ sagen fällt mir wahnsinnig schwer. Ich werde es üben. In letzer Zeit war hier so viel los, dass ich nur noch ständig müde bin. Das muss irgendwie besser werden!

Jaaa, auch ich leide unter Ungeduld. <lach> Aber vielleicht hilft es manchen, wenn sie sehen, dass auch ich Fehler mache. Weiter geht‘s: Heute Mittag war ich mit Andrea (hier aus dem Forum) Essen. Anschließend kam sie kurz mit zu mir, um Scarlett kennenzulernen. Ich musste aber ganz dringend mal „Nase pudern“ <grins> und schickte Andrea deshalb ins Vogelzimmer vor. Siehe da, für sie kam Scarlett genauso angerast, um sich Leckerlis abzuholen wie für mich. Und ich dachte, ich wäre was Besonderes. <seufz>

Egopflegenderweise war wenigstens Jack völlig enttäuscht als die Tür aufging und eine Fremde statt meiner da stand. Heute Abend wird übrigens nicht geclickert, sondern nur saugemütlich gegammelt.

31-01-2004

Hier bin ich wieder.

Habe Riesenmengen Papageienmenü zubereitet. Die nächsten 17 Tage sind futtermäßig organisiert <erleichtert aufatme> und das Vogelzimmer ist geputzt. Zum Rest der Wohnung bin ich aufgrund eines ausgedehnten Nachmittags-Nickerchens nicht gekommen. Naja, morgen ist auch noch ein Tag!

Wenn ich das Vogelzimmer schrubbe, ist dies nach dem Fegen auch immer Anlass für ausgedehnte Duschbäder für die Papageien. Der Schmutz muss sich ja irgendwie lösen. ☺

Nachdem Scarlett, seit sie hier ist, täglich geduscht wurde – sie sieht schon viel sauberer aus und riecht auch nicht mehr so streng – war heute der erste Tag, an dem es ihr augenscheinlich Spaß gemacht hat. Sie ist zwar (noch) nicht so wasserverrückt wie Jack, aber immerhin hat sie die Federn aufgestellt, sodass sie richtig nass werden konnte, mit den Flügeln geschlagen und ist auch schön zwischen zwei Kletterbäumen hin- und hergeflattert.

Mittlerweile kommt Scarlett jetzt immer sofort ins Wohnzimmer, wenn wir da sind. Allerdings geht sie nur auf die Kletterbäume, die einen ordentlichen Sicherheitsabstand zum Sofa haben. Mich hat sie inzwischen auch ganz gut

erzogen. Möchte sie ein Leckerli, wird gequakt, und ich bringe ihr was. Einerseits möchte ich das Quaken nicht verstärken, andererseits finde ich es ganz ausgezeichnet, dass sie versucht, mit mir zu kommunizieren. Bin mal gespannt, wann sie ihr erstes Wort spricht. Ab dem Zeitpunkt wird sie nur noch dafür belohnt werden. Will mir hier ja keinen Schreier erziehen. ☺
Heute durfte ich sie auch das erste Mal ganz kurz an ihren Stirnfedern berühren. An die Krallen kann ich, wenn ich es vorsichtig mache, problemlos ran.
Der Sicherheitsabstand zu Jack verringert sich zwar, aber er meint immer noch, ihr drohen zu müssen. Allmählich wird aber auch er gelassener. Es ist mehr eine Art entspanntes „Schaun-mer-mal"-Drohen als die Hetzjagd, die es am Anfang der Woche noch war.

Das glaube ich auch, dass Scarlett irgendwann den Spieß herumdrehen wird. Jack ist so ein lieber Schatz. Der lässt sich von den Grauen die Leckerlis und Spielzeug aus dem Schnabel klauen. Und klauen sie es ihm nicht, bietet er es ihnen (und mir) an. <lach>

01-02-2004
Scarlett ist soooo ein kluges Mädchen!!! Ich habe vorhin versucht, sie mit dem Targetstick auf die Hand zu locken. Fühlt sie sich überfordert, wenn ich den Targetstick zu weit

weg halte, klettert sie einfach den Kletterbaum hoch. Na super. Sobald ich aber alles in ihr genehmer Entfernung zum Draufstiegsarm rearrangiert habe, kommt sie wieder auf den Übungsast zurück … schlaue Maus.
Nichtsdestotrotz habe ich sie dann schlussendlich doch zweimal dazu bewegen können, mit ihrer Kralle zaghaft meine Hand zu berühren. Jackpot!!! Dann haben wir aufgehört.
Das Ganze war für sie dann doch offensichtlich sehr anstrengend, sodass sie sich nach dem Training auf einen längeren Mittagsschlaf in das Vogelzimmer zurückzog. Nach ungefähr zwei Stunden – ich war dann auch eingeschlafen ☺ – flog sie wieder ins Wohnzimmer und machte in altbekannter Manier darauf aufmerksam, dass sie jetzt bereit wäre, eine Nuss in Empfang zu nehmen.
Also dachte ich, versuche ich, sie direkt mit der Nuss vorwärtszulocken. Die Kleine wusste sofort, worum es ging, und legte sehr betont und beherzt ihren ganzen Fuß auf meine Hand. Die Nuss hat sie sich wirklich verdient!!!

Scarlett legt jetzt problemlos ihren Fuß auf meine Hand, nachdem wir diese Übung noch ein paarmal wiederholt haben. Das Gewicht hat sie auch schon verlagert. Vorhin hielt sie sogar meine Hand fest, während sie genüsslich ihre Nuss verspeiste. Ich bin völlig aus dem Häuschen!!!
Jack macht sich auch ganz cool. Er blieb mehrfach auf seinem Baum und auch auf meiner Schulter sitzen, während ich mit ihr übte.

02-02-2004

Natürlich gefällt mir der Begriff Zauberfee – ganz uneitel bin ich denn nun auch nicht. Aber es ist einfach zuviel der Ehre. ☺
Den Grauen geht es übrigens ganz ausgezeichnet. Ich habe diesmal eine andere Bachblütenmischung ausprobiert, die richtig gut angeschlagen hat. Viel besser als die, die ich sonst versucht hatte. Außerdem sind sie da so wild drauf – sie wissen eben, was gut für sie ist –, dass sie diese direkt aus der Pipette nuckeln.
Was drin ist? Larch, Honeysuckle, Walnut, Gentian und Rescue. In der zweiten Mischung, nachdem die erste leer war, habe ich noch Holly zugefügt. Eigentlich bin ich kein großer Fan von „tausend Zutaten“ und limitiere normalerweise gerne auf drei, aber irgendwie haben die mich „angesprochen“.

03-02-2004

Gestern Morgen kam der Heizungsmonteur, der leider wie der Elefant im Porzellanladen durchs Vogelzimmer trampelte, trotz meiner Anweisung, vorsichtig zu sein. <seufz>
Anschließend war Scarlett so verschreckt, dass sie noch nicht mal das Abschiedsleckerli aus meiner Hand nehmen wollte, sondern vor mir davonflog. <seufz>
Am Abend hatte sie sich glücklicherweise wieder so weit beruhigt, dass ich mit ihr trainieren konnte. Jack saß auf dem zweiten Kletterbaum und übte „Bleib“. Das kann er schon sehr gut! ☺

Scarlett ist jetzt so weit, dass sie zügig den Fuß auf meine Hand stellt (genauer, aufs Handgelenk) und auch, mit dem Targetstick gelockt, ihr Gewicht darauf verlagert. Versuche ich jedoch, sie weiter darauf zu ziehen, macht sie den Abmarsch. Offensichtlich ist sie mit dem zweiten Fuß derzeit noch heillos überfordert.
Zwischenzeitlich habe ich angefangen, ihr Herankommen auf Kommando zu setzen („Come, Scarlett“), da sie dies zuverlässig macht.

Zuächst mal – ich verstehe Deinen Punkt bezüglich der Naturbruten. In meiner Definition ist eine Naturbrut ein Tier, das von den Eltern bis zur Eigenständigkeit aufgezogen wurde. Es bedeutet nicht, dass die Tiere keinerlei Kontak zu Menschen gehabt haben sollen. Wozu auch? Eine Fehlprägung erfolgt nicht dadurch, dass sie mal einen Menschen sehen, sondern dadurch, dass sie von Menschen anstatt von den Elterntieren aufgezogen werden. Wenn Scarlett viel Kontakt mit Menschen gehabt hätte, wäre sie zahm gewesen, und das war sie nicht.
Ich bin der Ansicht, dass der gangbarste Weg, um Handaufzuchten durch Naturbruten (Elternaufzuchten) zu ersetzen, der ist, dass man die Tiere von den Eltern aufziehen lässt, aber der Züchter sie schon durch seine „Mitarbeit“ zähmt. Der wichtigste Grund, warum potenzielle Käufer eine Handaufzucht kaufen, ist der, dass sie schlicht und ergreifend Angst haben, eine Naturbrut nicht zahm zu

bekommen. Eine der häufigsten Anfragen, die ich erhalte, ist, wie man seine Tiere zähmt. Will ich Handaufzuchten, die meines Erachtens tierquälerisch sind, vermeiden, muss ich gangbare Alternativen aufzeigen, die auch für den Käufer interessant sind.
Eine Naturbrut, die keine Angst vor Menschen hat, wäre also sozusagen ideal. Mit dem Clickertraining versuche ich Halter, die sich für Naturbruten entschieden haben, weiter zu unterstützen. Fakt ist, dass die meisten angehenden Papageienhalter großen Wert auf Zahmheit legen.

03-02-2004
In diesem Forum sind fast auschließlich Papageienhalter. Also Menschen, die sich dafür entschieden haben, Papageien in Gefangenschaft zu halten. Insofern erstaunt mich der Hergang der Diskussion schon ein wenig. Die These, dass es einem Papagei in Gefangenschaft besser geht oder er artgerechter lebt, wenn man sich nicht mit ihm beschäftigt, ihm also noch weniger zu tun gibt, um seine Energie und seine Intelligenz auszulasten, halte ich für völlig abwegig. Auch der Gedanke, dass weniger Tiere zu Wanderpokalen werden, wenn sie nicht trainiert werden, ist, mit Verlaub gesagt, ein Witz. Ein Hauptabgabegrund ist meines Erachtens die mangelnde Beziehung zwischen Tier und Halter. Eine solche Beziehung wird aber eben genau durch gemeinsames Training aufgebaut.

Bei uns war es warm, aber von Frühlingsgefühlen kann man nicht wirklich sprechen. Mittlerweile fressen Jack und Scarlett aber recht friedlich, clickerverstärkt, aus einer Hand. Und Liebe geht ja bekanntlich durch den Magen. ☺ Warten wir es also ab.
Jack reagiert zumindest auffallend gelassen, wenn ich mich um Scarlett kümmere. Und das ist schon ein Riesenfortschritt. Auch Scarlett kommt gut voran. Heute Abend ist sie mehrfach mit beiden Füßen auf meinen Arm gestiegen. Jackpot!
Auch habe ich sie kurz am Rücken berühren können, und beim Leckerli-Fressen legte sie ihren Kopf, Schnabel voran, in meine Handfläche – er ist ja auch soooo schwer ☺ –, sodass sich meine Finger immer so ein bisschen auf ihre Haut „verirren" konnten. Leider hat sie auch meine Uhr entdeckt. Sie lässt sich aber durch ein sanftes „un-un" (oder wie auch immer man das schreibt ☺) davon abbringen, sie zu zerlegen.
Auch Hector und Lily haben beim Training das „Bleib"-Kommando sehr gut eingehalten. Alles in allem kann man also sagen, dass heute alle wirklich zuckersüß waren. Vielleicht ist eben doch Frühling. ☺

04-02-2004

Heute hatte ich keine Zeit zum Training, denn nach dem Büro musste ich dringend ein paar Lebensmittel kaufen und dann – ja, man ahnt es kaum – mal wieder putzen, denn morgen Abend gibt's Besuch.

Ich sollte mir wirklich angewöhnen, die Tiere nur im Vogelzimmer zu füttern. Die Nüsschen, die gleichmäßig überall verteilt sind, gehen ja noch. Aber in einem Anfall völliger geistiger Umnachtung habe ich gestern Weintrauben und Apfelstückchen in Küche und Wohnzimmer verfüttert. Das pappt wie Gorilla-Kleber am Boden. <ugh>
Obwohl kein Training, bedeutet es noch lange nicht, dass die lieben Kleinen ihre Leckerli umsonst kriegen. Alle bieten irgendeinen Quatsch an. Derzeit scheint Flügel heben der Renner zu sein. Soll mir Recht sein.
Scarlett muss auf die Hand kommen, um was zu kriegen, was sie mittlerweile sehr bereitwillig und flott macht. Aber sie setzt das zweite Bein dabei nicht ab, sondern hält es wie eine Schlittschuhläuferin gerade nach hinten gestreckt. <lach> Das sieht schon arg seltsam aus. Ich denke aber, das wird sich noch geben, wenn sie entspannter wird. Sie ist ja noch keine zwei Wochen hier.

07-02-2004

Ich bin jetzt seit mehreren Tagen nicht zum Üben gekommen, sorry. Also nicht viel Neues – außer vielleicht, dass Scarlett etwas mutiger wird.
Gestern Abend ist sie auf einmal ins Schlafzimmer geflogen. Vom Timing her war das leider etwas ungünstig, da ich sehr in Eile war, rechtzeitig zu einem Abendessen zu kommen. Sie saß dann dort auf dem Wäscheständer, flog irgendwann in ein Regal mit Pullis und dann wieder auf den Wäscheständer.

Meinen Arm hat sie leider nur als Startrampe für ihre Erkundungsflüge genutzt, sodass ich sie nicht ins Vogelzimmer tragen konnte. Dafür konnte ich ihr aber ein paarmal über den Rücken streicheln. Zum Schluss holte ich Jack dazu, um ihr den Weg zu zeigen. Das hat ganz gut funktioniert, und sie flog wieder ins Vogelzimmer.
Als ich abends nach Hause kam, habe ich die Tür vom Vogelzimmer geöffnet, damit die Tiere morgens, wenn sie Lust haben, raus können. Irgendwann in der Nacht ist Scarlett in die Küche auf den Kühlschrank geflogen. Ich bin natürlich sofort dorthin gelaufen, um zu schauen, ob sie in Ordnung ist. Aber ich beschloss dann, sie einfach dort schlafen zu lassen, anstatt nachts um vier Uhr eine Umsiedelaktion zu starten.
Etwas später flog sie allerdings von sich aus wieder zurück ins Vogelzimmer, aber nicht ohne dort solch ein Durcheinander zu kreieren, dass anschließend alle auf anderen Schlafplätzen saßen. Zu meiner Großen Freude hockten Jack und Scarlett, als ich heute Morgen ins Vogelzimmer kam, auf benachbarten Spitzen des Kletterbaumes am Fenster. Auch hier fängt die Lage an, sich etwas zu entspannen.
Heute abend hat Scarlett laut bei der Rocky Horror Picture Show „mitgesungen" – so laut und falsch wie ich. <lach> Parallel dazu ist sie immer ins Vogelzimmer geflogen, wenn sie eine neue Nuss haben wollte. Allmählich wird ihr Leben hier zur Routine.
Ich werde auch die nächsten Tage nicht zum Üben kommen, melde mich aber wieder, sobald es erzählenswerte Neuigkeiten gibt.

09-02-2004

Das Folgende hat gar nichts mit Scarlett zu tun, aber es war so schön, dass ich doch mal eben davon berichten möchte.

Im Herbst 2001 hatte ich in der Zoohandlung eine Agaporniden-Dame, Aladdinchen, geschenkt bekommen, weil ich ob ihres miserablen Zustandes ziemlich Stunk gemacht hatte. Daraufhin habe ich ihr sofort ihren für mich offensichtlichen Partner dazugekauft.

Am Anfang habe ich mit Aladdine und Jazz auch geclickt bis Nikita und Jack dazu kamen und ich einfach keine Zeit mehr hatte. Oder genauer, die beiden Agas waren einfach keine Priorität, da sie glücklich waren, keine Macken hatten und ich auch nicht vor hatte, sie zu Schmusetieren zu erziehen. Was ich aber weiterhin gemacht habe, ist ihnen Leckerlis zuzuschieben, wenn sie in meine Nähe kamen. Dabei kommen sie auch manchmal auf die Hand, aber das ist es.

Nun, gestern Abend gammelte ich gemütlich vorm Fernseher, und siehe da, Jazz fliegt direkt auf mich zu ... wird aber von Lily verscheucht. Davon ließ er sich aber nicht beirren, startete einen zweiten Anflug und landete mitten auf meiner Brust. Lily hielt ich derweil am Schwänzchen fest, damit sie nicht vom Bauch her hochlaufen und Jazz wieder verscheuchen konnte. ☺

Von dort hopste er zur Armlehne und wurde dick belohnt. So ein süßes Kerlchen. Irgendwie hat mich sein Vertrauen richtig gerührt. Er ist so klein und ziemlich wild, und dann kommt er einfach so „mal rüber“.

Heute Abend haben wir endlich mal wieder ein wenig trainiert. Scarlett kommt jetzt immer leichter mit beiden Füßen auf den Arm. Mit einem Nüsschen konnte sogar mein Besuch heute Abend die Kleine kurz auf ihren Arm locken. <freu> Scarlett wird auf jeden Fall schwer pinienkerngefüllte Träume haben … ☺

10-02-2004

Der Ceranfeldschaber zum Saubermachen ist eine tolle Idee. Leider habe ich PVC. <heul> Aber wenn man‘s erst aufweicht, geht das schon.
Mit Scarlett wird weiter „Auf-Arm-Steigen“ geübt. Sie muss jetzt immer erst mit beiden Füßen auf den Arm kommen, ehe sie belohnt wird. Als Nächstes kommt „geografische“ Diversifikation dazu … also andere Stellen im Vogel- und im Wohnzimmer.

12-02-2004

Scarlett scheint ihre Angst vor Jack zu verlieren. Zumindest hat sie ihm gestern Abend ganz frech eine Walnuss direkt aus dem Schnabel gemopst. <lach> Sein Gesicht hättet Ihr sehen müssen. Etwas später hat er ihr dann was gemopst. Jaja, was sich liebt, das neckt sich – oder auch, was sich neckt, wird sich (hoffentlich) irgendwann lieben. Scarlett kommt mittlerweile von so ziemlich jeder Stelle mit beiden Füßen auf die Hand und gewöhnt sich auch immer mehr daran, dass ich sie zum Leckerli hin hebe statt es zu ihr hin zu reichen. So richtig geheuer ist ihr das Herumgehobenwerden noch nicht, aber wir vergrößern langsam die Abstände. Gestern Abend hat sie sogar versucht, auf meinen Arm zu fliegen. Ich übte „Komm" mit den Grauen. Also wusste sie, worum es geht. Sie stand dann auf der Kante, flatterte mit den Flügeln, hat sich aber dann zu guter Letzt doch noch nicht getraut. Außerdem fängt sie an zu „brabbeln", also Vokalisierungen zu üben, die außerhalb des normalen Laut-Repertoires liegen. Bei meinen anderen Papageien, war dies jeweils die Vorstufe zum Sprechen. Bin mal gespannt. Kontaktrufe zwischen ihr und mir und jetzt endlich auch zwischen ihr und Jack werden häufiger.

Wir krabbeln uns in kleinen Schritten weiter voran.
Heute Abend haben wir „Jack bleibt brav auf der Schulter, während ich Scarlett auf die Hand nehme und die Hand von über Kopf, wo der Sitzast ist, auf Hüfthöhe runterbringe" geübt. Bemerkenswert ist, dass dies eine Lektion in der Subtilität der Körpersprache von Papageien für mich ist. Scarlett fing an, sich zu verkrampfen, lange bevor ich bemerkte, dass Jack Aggression zeigte. Hierbei ist zu bemerken, dass ich Jack wirklich gut kenne. Jeden Gesichtsausdruck, jede angelegte Feder usw. ist mir bestens bekannt. Dennoch war sie mir immer einen Schritt im Bemerken voraus. Dies zeigt, wie genau man Papageien beobachten muss, um auf ihre Körpersprache wirklich gezielt zu reagieren, und wie genau sie selbst beobachten.

Mit Jack auf der Schulter war das Beobachten natürlich ohnehin schwierig <ugh, mein verdrehter Nacken>. Ich habe aber eine These geformt, dass er sie mit den Augen fixierte, bevor er seine Körperhaltung änderte. Ich werde sicherlich Gelegenheit haben, dies zu überprüfen. ☺
Nun ja, auf jeden Fall erlaubte mir ihre frühzeitige Reaktion, ihn abzulenken und für das Sich-ablenken-lassen zu belohnen, bevor er sich so hineingesteigert hatte, dass ich ihn nicht mehr ablenken konnte.
Zweimal hat er es trotzdem geschafft, Scarlett von meiner Hand zu scheuchen, was beide Male darin resultierte, dass ich ihn abschüttelte und den Raum verließ. Das hat er verstanden.
Auch gibt sie nicht mehr nur klein bei und fliegt weg, sondern ich habe sie auch hin und wieder beim „Schnabelhakeln" beobachtet. Immerhin ein Anfang.
Scarlett kommt jetzt so zügig auf die Hand, dass ich angefangen habe, ein Kommando dazuzusetzen.

14-02-2004
Nachdem wir jetzt mehrere Tage lang „Scarlett kommt auf die Hand, während Jack lieb auf der Schulter sitzen bleibt" geübt haben, kam heute Morgen der große Durchbruch. Eigentlich fing es schon gestern Abend an. Andrea (aus dem Forum) war zu Besuch. Nach ausgiebigem Essen beziehungsweise Papageienfüttern, da die Geier natürlich mehr abbekommen haben als wir, saßen wir gemütlich zusammen im Wohnzimmer. Jack und Scarlett hockten auf

dem Kletterbaum. Irgendwie fingen sie an, einander näher zu kommen. Es war so ein bisschen jagen und ärgern und hinterher fliegen. Interessant war, dass auch Scarlett immer wieder zu Jack zurückflog, nachdem sie vorher vor ihm weggeflogen war. Jack würgte zwar für sie Futter hoch, aber so nah ließ sie ihn dann doch nicht an sich heran.
Heute Morgen brachte ich Jack ins Vogelzimmer. Er nächtigt seit Nikita immer noch „artgerecht" auf der Küchentür. Scarlett flog auf ihren „Klo-Ast", Jack folgte ihr und sie begrüßten sich mit „Küsschen" – anders kann man es nicht beschreiben.
Nachdem Scarlett sich der geballten Ladung der Nacht entledigt hatte, schnäbelten die beiden. Zwar noch sehr stümperhaft, aber immerhin.
Sie folgten einander auf dem Weg zu mir. Ich stand an der Tür mit meinem Tee-Glas aus dem alle außer Scarlett gerne Kräutertee trinken. Die Beiden hielten auf dem Weg immer wieder an, um miteinander zu schnäbeln. Dabei bettelte Scarlett so richtig an Jacks Schnabel.
Der Knüller ist, dass Jack aus meinem Glas Tee trank wie jeden Morgen. Scarlett allerdings, die noch gestern Angst vor dem Glas hatte, beobachtete ihn und auf einmal fing auch sie an, aus dem Glas zu trinken, so als hätte sie noch nie etwas anderes getan. Ich bin mir sicher, das war der große Durchbruch. Sie mögen einander und sie macht ihm alles nach. Von jetzt an wird es ein Klacks.
Noch was – weniger wichtig, aber auch toll: Gestern hat Scarlett ihr erstes Wort gesprochen, „Hallo".
Ich bin ganz aufgeregt und völlig begeistert!

Valentinstag! Hatte ich völlig vergessen! Das ist ja ein komischer Zufall. Vermutlich haben sie die ganzen „Looove-Vibrations" gespürt. ☺ ☺ ☺

Neeee, ich habe nicht immer einen Clicker in der Hand. Jetzt wo sie auf die Hand kommt, muss sie es fast immer machen, um ein Leckerli zu bekommen.
Es gibt natürlich auch richtige Trainingsstunden, aber da übe ich andere Sachen:

- dass Jack sie in Ruhe lässt, wenn sie zu mir kommt. Sie also nicht wegjagt.
- dass sie länger auf meiner Hand bleibt, und dass ich mich und sie dabei bewegen kann.
- und seit Gestern Nähe, also dass sie sich schlussendlich streicheln lassen wird.

Liebe Grüße und Euch auch einen Happy Valentine's Day.

22-02-2004

Die letzten Tage hatte ich keine Zeit zum Training … befasse mich mit wichtigen Dingen wie Bauzusatzfinanzierung, Küche und Maler. Aber, ganz erstaunlich, Scarlett flog gestern das erste Mal auf meinen Arm.
Wenn ich sie rufe, kommt sie mittlerweile sehr zuverlässig. Wenn ich dabei auf einen Ast mit dem Finger tippe, kommt

sie zu der Stelle. Nun, gestern Abend stand ich da, rief sie, tippte auf den Ast und siehe da, sie flog auf das Handgelenk der tippenden Hand statt auf den Ast. Toll, ne?
Mittlerweile liebt sie es auch zu duschen. Dabei rangeln sie und Jack sich um den Wasserstrahl, der aus der Sprühflasche kommt. Eigentlich bräuchte ich zwei solcher Flaschen. Drei volle Drei-Liter-Flaschen werden schon benötigt bis die „Kleinen" richtig nass sind. Duschen könnten sie noch viel länger. Anschließend wird das durchgeweichte Vogelzimmer schnell von mir gewischt. So hat man gleich zwei Fliegen mit einer Klappe geschlagen.

Danke für den Tipp. Genau diese Pumpsprühflasche habe ich auch. Konnte aber nirgendwo eine zweite auftreiben. Als ob die urplötzlich aus der Mode gekommen wären. Naja, vielleicht liegt es an der falschen Jahreszeit???
Wegen Jack und Scarlett: Morgens gibt es immer noch eine große Begrüßung zwischen den beiden. Ansonsten kabbeln sie sich viel. Manchmal gewinnt Jack, manchmal Scarlett. Aber nachdem sie einander hin- und her folgen, weiß ich, dass es nichts Ernstes ist, sondern nur Spiel.
Scarlett fliegt übrigens nicht mehr schnell von der Hand herunter wieder auf den Ast zurück, sondern wartet, bis ich die Hand wieder an den Ast halte, um dann entspannt herunterzusteigen. Bislang flog sie immer recht hektisch zurück, sobald sie ihr Leckerli hatte. Insofern ist es schon eine ordentliche Verbesserung.

25-02-2004

Heute Abend wieder ein Durchbruch!

Seit dem Ausrutscher am Samstag hatte Scarlett sich nicht wieder getraut, auf meine Hand zu fliegen. Zwar hat sie gestern Abend im Wohnzimmer mehrfach Flughaltung eingenommen, es aber schlussendlich dann doch nicht gewagt, zu mir hinzufliegen. Heute Abend jedoch ist sie gleich mehrfach ohne zu zögern auf meinen Arm geflogen. Sie hat natürlich jedes Mal eine fette Nuss bekommen. Aber es gehört ohnehin zum Abend-nach-Hause-komm-Ritual, dass sie aus meiner Hand ganze Nüsse bekommen. Anschließend habe ich nach und nach den Abstand vergrößert bis ich an der Tür stand. Leider waren das nur ungefähr 1,20 Meter, aber immerhin.

Man merkt richtig, wie Scarlett ständig mehr Vertrauen gewinnt. So beknabbert sie jetzt zur Begrüßung immer meine Finger. Nur streicheln lässt sie sich noch nicht. Na wenigstens bekommt sie keine Panik mehr, wenn ich sie „versehentlich“ ☺ kurz mit den Fingern streichle. Ich denke beziehungsweise hoffe, dass wir das auch noch hinkriegen werden.

26-02-2004

Scarlett ist gestern Abend auf den großen Wohnzimmerschrank geflogen – das gute Mahagoni <seufz> – und Jack hinterher. Er hat sie dann technisch perfekt gefüttert. <freu> Vorher war das ja immer eine ziemliche Stümperei. Ich weiß zwar nicht, ob er tatsächlich was hochgewürgt hat, aber zumindest war die Positonierung der Schnäbel endlich richtig.

Ja, das ist wirklich wunderbar. Aber ich hatte da eigentlich keine großen Zweifel. Ich konnte es ja täglich miterleben, wie sie sich allmählich einander näherten. Und Jack geht ohnehin auf alle zu. Er ist der große Vermittler.
Heute Abend kam Scarlett genauso zügig auf den Arm geflogen, wie sie draufsteigt. Später als ich im Wohnzimmer Pasta aß, ihre neu auserkorene Lieblingsspeise, kam sie sogar mehrfach vom mehr als zwei Meter entfernten Kletterbaum auf meinen Arm geflogen. Es kostet sie zwar noch ein wenig Überwindung, aber der wichtigste Schritt ist immer das erste Mal, an dem sie etwas Neues machen. Am Tag drauf, wenn sie es nochmal überschlafen konnten, „flutscht" es dann meist so richtig.
Nein – so wie in neeiiiinn … der Mahagonischrank wird nicht angeknabbert – versteht Scarlett meist ganz gut. Dabei braucht man es gar nicht laut oder schimpfend zu sagen. Ich sage nein, sie hebt den Kopf und wird groß gelobt und belohnt. Sie ist wirklich ungewöhnlich klug und lernfreudig!

27-02-2004
Super! Perfekt! Genau diese Spritzflaschen habe ich gesucht. Weiß jemand, wo es in Frankfurt und Umgebung einen Lidl gibt?

Danke, danke!
Habe mittlerweile einen lieben Kollegen dazu überredet, am Montagmorgen auf dem Weg zur Arbeit beim Lidl vorbeizufahren und mir ein paar von diesen Sprühflaschen zu holen. Die kann ich nämlich auch gut zum Aufbringen von Grundierung auf meine Wände benutzen. ☺

29-02-2004
Ob es ein deutsches Buch über Clickertraining bei Papageien gibt?
Sobald ich meines fertiggeschrieben habe. ☺

01-03-2004
Hallo, ich wollte mal wieder ein Update schreiben.
Scarlett und Jack haben sich gestern Abend so süß gegenseitig die Federn geputzt, wenn sie sich nicht gerade gestritten haben. ☺
Und vor zwei Tagen hat Scarlett zum ersten Mal „Hi Baba!“ gesagt. Das ist so ein typischer Nikita-Spruch. Den hatte sie von ihrem ersten Zuhause mitgebracht. Nach ihrem Tod fingen die anderen Vögel auf einmal an „Hi Baba!“ zu sagen. <heul> Von denen wird Scarlett es wohl aufgeschnappt haben.
Scarlett fing gestern an, auf Eigeninitiative zu mir hinzufliegen. Jack saß auf meiner Schulter und hatte ein Spielzeug

im Schnabel, dass ihr wohl besonders gut gefiel. Also flog sie kurz rüber, bekam aber im letzten Moment „Muffensausen“ und drehte wieder ab. Später flog sie allerdings noch sehr, sehr oft zu mir, um sich Spielzeug abzuholen. Dass sah dann so aus:

- Scarlett sitzt mit Spielzeug auf Kletterbaum ... findet es kurz darauf langweilig und lässt es fallen. So ungeschickt ist sie sonst nämlich nicht.
- Scarlett sagt – glücklicherweise leise – „quack“.
- Ich suche neues Spielzeug aus der Spielzeugschüssel und halte es hoch.
- Scarlett begutachtet es.
- Gefällt es Scarlett, fliegt sie zu mir und holt ihr neues Spielzeug ab.
- Scarlett fliegt wieder zum Kletterbaum.

Dort geht das Ganze wieder von vorne los.
Scarlett kommt mittlerweile vom Kletterbaum quer durch das Zimmer zu mir geflogen. Sie schafft es sogar, vom Schrank zu mir zu fliegen. Technisch gesehen, sind wir also dabei, das Verhalten des Zu-mir-Fliegens zu verallgemeinern, sodass sie es von jedem Ort aus lernt.
Interessant ist auch, dass sie nicht einfach zum Tisch fliegt, der vor mir steht, um sich Spielzeug und Leckerli aus den jeweiligen Schüsseln zu holen (das Wohnzimmer-Geier-Entertainment-Center ☺). Stattdessen kommt sie immer zu mir, um sich die Dinge abzuholen. Es geht ihr also nicht nur um das Spielzeug, sondern auch um die Interaktion mit mir.

Ich habe wirklich erstaunliches Glück bei der Auswahl meiner Tiere, selbst wenn ich sie gar nicht auswähle. Mittlerweile schon zum neunten Mal (ohne anderer Leute Tiere, mit denen ich „nur“ trainiere, mitzuzählen). Hat mit meinem Training garantiert nichts zu tun … <lach>

02-03-2004

Scarlett hat mir gestern ihr erstes Küsschen gegeben. Und das kam so.
Jack saß wie immer auf meiner Schulter, und Scarlett übte, zu mir hinzufliegen, um Leckerli und Spielzeug abzuholen. Mittlerweile nichts Neues.
Dann dachte ich mir, „lockern wir das Ganze ein bisschen auf“ und machte mit ihr zunächst ein paar Flatterübungen (ich bewege den Arm hoch und runter, während der Vogel mit den Flügeln schlägt), die sie gut wegsteckte und ohne Angst mitmachte.
Bei einem der Zu-mir-hin-Flieger kam Jack von meiner Schulter zu ihr auf den Arm gelaufen. Er macht das manchmal, um sie zu vertreiben, aber mittlerweile hält sie ganz gut stand, und wenn ich Jack sage, er soll sich benehmen, rückt er auch gleich wieder ab.
Aber dieses mal war es anders. Unter typischem Ara-Gekrähe fingen sie an, miteinander zu schnäbeln. Nach kurzer Zeit drehte Jack sich zu mir um und verpasste mir auch einen dicken Knutscher (er muss ja alle Mädels glücklich halten ☺). Scarlett schaute sich das sehr aufmerksam an, und kurz darauf bekam ich auch von ihr einen Knutscher.

Mann, war ich nervös. Sie hat halt einen Riesenschnabel, und so richtig zahm ist sie ja nun wirklich nicht. Aber als sie sich zu mir hinlehnte dachte ich, wegziehen wäre ja gemein. Schlussendlich erwarte ich von ihr, dass sie mir vertraut, also muss ich ihr auch vertrauen. Also habe ich die Luft angehalten und siehe da, sie hat mir einen ganz süßen, zarten Ara-Knutscher verpasst <freu>.
Es ist doch einfach schön, wenn die Tiere einem vertrauen. Und ich fand es auch irre, dass sie mittlerweile so entspannt ist, dass Jack und sie auf meinem Arm rumknutschen.

Juchuh!
Scarlett hat mir heute bei der allmorgendlichen großen Abschiedszeremonie (heute mit Pinienkernen ☺) ein paarmal gestattet, das Federbürstchen über ihrer Nase zu streicheln.

Ja, aber natürlich freue ich mich über Rückmeldungen. Merke: Kein Lebewesen tut irgendwas, wenn es sich nicht lohnt! ☺ Virtuelles Clickern von der Leserschaft tut da schon ganz gut. ☺
Insbesondere nachdem in einem anderen Thread mal jemand meckerte, ich würde alle mit meinen klitzekleinen Detailgeschichten nerven <aua-das hatte gesessen>. War zwar „ein Stänkerer“, aber trotzdem.

Jack wird im Juli drei. Scarlett ist schon ein ziemlicher Brummer ... und der Schnaaaabel ... Aber klein und süß sind sie irgendwie trotzdem alle.

03-03-2004

Nikita wäre dieses Jahr acht Jahre alt geworden – daher rührt wohl die Verwechslung?
Danke, danke für die vielen Blumen. Tut echt gut. Wenn man keinerlei Rückmeldung erhält, weiß man ja echt nicht, ob es gefällt ...
Scarlett hat mich gestern Abend ihren Flügel streicheln lassen, die Süße. ☺

Scarlett war heute Abend sehr brav. Wir haben Durch-die-Tür-Tragen geübt. Abgesehen davon, dass ihr das Getragenwerden noch nicht so ganz geheuer ist, ist der Türrahmen ein Monster und der Flur dahinter sicherlich *huhu* äußerst gefährlich. ☺
Nun ja, mit passender Inzentivierung ☺ ließ sie sich dann doch davon überzeugen, und als sie die große Nussschale auf der Flur-Kommode sah, war sie hin und weg vor Begeisterung (ausgedrückt durch wildestes Begeisterungskrächzen und blitzende Pupillen ☺). Dort durfte sie auch dann erst einmal nach Herzenslust völlen. Das nenne ich einen

„Jackpot“, mag sie sich dabei insgeheim gedacht haben. ☺ Jack half ihr natürlich dabei. ☺ Dann gab es einen kurzen, fehlgeleiteten Ausflug in die Küche.
Mir stockte der Atem, als ich sie schon vor meinem geistigen Auge die Regale abräumen sah … ach was, weniger in die Umzugskartons einzupacken ☺. Stattdessen landete sie jedoch auf dem Boden. Nach kurzem erfolglosem Umschauen nach geeigneten Klettermöglichkeiten trat sie den geordneten Rückzug zu Fuß an. Jack, immer laut quakend, hinter ihr her. <lach>

05-03-2004
Scarlett hat es gecheckt. ☺ Das In-den-Flur-tragen klappt jetzt reibungslos. Wisst Ihr übrigens, was ihr richtig Spaß macht? Nüsse knacken. Nur so. Nein … nicht zum Essen … zum Fallenlassen … <arghghghgh>
Konnte Scarlett gestern wieder kurz am Flügel anfassen und am Bürstchen und ihr auch ein Küsschen auf den Schnabel geben. Ich habe den Eindruck, das mag sie am liebsten.
Ansonsten bin ich derzeit sehr erstaunt über Jack. Scarlett fliegt wesentlich besser als er. Er hat es geschafft, sich ihre Fähigkeiten in kürzester Zeit abzuschauen. Gestern flog er vom Schlafzimmer durch die Tür (!) in den Flur, der eigentlich recht eng ist, drehte dort auf einer „Nadelspitze“ in der Luft und flog wieder zurück. Er hatte allerdings einen guten Grund. Hector jagte ihn … <lach> … weil Jack in unser Schlafen-geh-Ritual hineinfunkte. Sowas kann Hector gar nicht leiden. ☺

Mittlerweile hat Scarlett auch richtig gut Klettern gelernt, und Jack macht ganz toll mit. Er traut sich jetzt Dinge, die er vorher nie gemacht hat. So hängt er jetzt vom höchsten Ast an einem Zehennagel (!) und zeigt uns seine wunderschönen Flügel. Ich habe schon den Eindruck, dass beide richtig Spaß haben.

Nein, ein Flugkünstler war Jack eigentlich nie. Bevor ich ihn bekam, hockte er in einer ziemlich kleinen Voliere mit einem Ast längs durch. Fliegen ging dort nicht. Das hab ich ihm dann beigebracht, so gut es ging. Es hat ewig gedauert bis er anfing, Kurven zu fliegen.
Ich glaube, es macht einen Riesenunterschied, ob sie selbst darauf kommen müssen, wie es geht, oder es von den Elterntieren vorgemacht bekommen. Da sieht man mal wieder den Unterschied von Naturbrut zur Handaufzucht. Eigentlich einleuchtend, hatte nur darüber bislang nicht nachgedacht.
Scarlett hat sich übrigens heute zum ersten Mal auf eine Erkundungsreise zu Fuß ins Wohnzimmer gewagt.
Bald wird auch sie stramme Waden haben. ☺☺☺

07-03-2004

Scarlett macht weiter gute Fortschritte. Okay, das war gerade völlig untertrieben. ☺ Aaaalso. Eben hat sie sich von mir bis ins Arbeitszimmer tragen lassen. Dort hopste sie auf den Tisch – Papiere flogen überall hin, Scarlett in

Panik auch. ☺ Das Schöne ist, dass sie mich mittlerweile als den „sicheren Hort“ ansieht und zu mir kam, als sie nicht wusste wohin. <ganz-stolz-sei>
Außerdem werden unsere Rücken-, Köpfchen- und Gesichtsstreichelübungen immer „gewagter“. So richtig genießt sie es, glaube ich, noch nicht, aber für Click und Leckerli macht man ja <seufz> jeden Quatsch der Federlosen mit … <lach>
Aber wenn ich ihr Leckerbissen gebe, legt sie beim Kauen den Kopf in meine Handfläche – so ein Arakopf ist ja auch soooo schwer!!!! Und als ich sie vorhin zur Leckerlischale im Flur brachte, ist sie nicht dahingehopst, sondern schön auf meiner Hand sitzengeblieben, suchte sich Verschiedenes aus und hielt sogar meine Hand fest, als sie sich weiter auf die Schüssel bewegen musste, um einen besonderen Happen zu ergattern.
Gestern noch saß sie lieber auf der Schale als auf meinem Arm. Küsschen geben läuft auch sehr gut. Einfach nur so, man muss sie halt einfach knutschen, sie ist so süß. ☺ Das mag sie wirklich, und sie streckt mir auch immer bereitwillig ihren Schnabel entgegen.
Auch mit Jack läuft alles toll. Als ich eben kurz ins Vogelzimmer blickte, waren die beiden schwer am Turteln. ☺

08-03-2004

Glücklicherweise hat Scarlett noch nicht entdeckt, dass man Papier schreddern kann … ☺ Jack half mir alldieweil am Abend beim Wäschefalten. Wäschekorb neben mir auf dem Sofa, und Jack reichte mir die Stücke einzeln. ☺ Scarlett

meinte währenddessen, die Kletterbäume seien zu weit weg von der „Action“, und setzte sich neben mich in den „Strauß“ Zweige, der in der großen Bodenvase rechts neben dem Sofa steht. Eigentlich sind die Zweige eher was für Graue und Agas, da sie doch recht filigran sind, aber wenn man (oder genauer gesagt „Ara“) will, dann geht das schon. ☺
Sie blickte mich dann jedes Mal vorwurfsvoll an, wenn sie ihr Spielzeug fallen ließ, und wir spielten eine lustige Runde von „Ann hebt eh alles auf“. ☺

Noch nie von Ara-Arbeit gehört??? ☺ ☺ ☺
Die Vase ist so eine große italienische mit viel Gelb. Die habe ich mit Sand befüllt, um sie stabiler zu machen. Nichtsdestotrotz ist sie nicht wirklich ara-stabil …
Die Wäsche bestand hauptsächlich aus jeder Menge kleiner blau eingefärbter Ikea-Kinder-Läppchen. Die benutze ich für alles im Haushalt und koche sie dann aus. Und die hat Jack mir eins nach dem anderen unter großem Lob gereicht. ☺

Die Vorbereitungen für den Umzug laufen schon auf Hochtouren. Nächstes Wochenende bekomme ich Besuch … es müssen etliche Umzugskisten gepackt werden. Ich kann hier wirklich jede helfende Hand gut gebrauchen. Wenn Ihr mich zum Mithelfen besuchen kommt, dann könnt Ihr sie „life“ erleben … na ist das nicht verlockend???? ☺ ☺ ☺

Wann: Am Wochenende vom 20. und 21.03. und sicherlich noch einige Wochenenden danach.
Wo: Zwischen Frankfurt und Wiesbaden
Was: Dann ist der Estrich drin, das Gerüst im Papageienhaus steht und es muss wie die Derwische gestrichen werden, damit alles vor dem Geier-Umzug sehr, sehr gut auslüften kann. Freue mich über jede Hilfe. Es gibt viel zu tun!

Gib mal Derwisch ins Google ein: Es ist ein Orden.
Derwische sind für ganz wilde wirbelnde Tänze berühmt. Und darauf spielt man auch an, wenn man irgendwas wie ein Derwisch macht. Man wirbelt also blitzschnell herum.
Scarlett lässt sich immer länger von mir anfassen. Heute habe ich sie bis fast zur Küche tragen können, ehe sie unruhig wurde.

18-03-2004

Kochen kann Scarlett jetzt mit links … naja … nicht ganz. ☺
Aber gestern Morgen kam sie zu mir, um zu schmusen und nicht um sich ein Leckerli abzuholen. Und das ist doch auch was, oder? Ich war im Vogelzimmer mit Hector beschäftigt, als sie sich auf den Weg machte. Zunächst dachte ich, sie geht zu Jack. Aber dann nahm sie die Abzweigung auf die Leiter direkt neben mir, streckte sich und gab mir mehrere

Küsschen auf den Mund <Atem-anhalt> … nur weil ich so leichtsinnig bin, bedeutet das übrigens nicht, dass ich das zur Nachahmung empfehle! Dann habe ich vorsichtshalber meinen Mund durch meine Finger ersetzt (davon habe ich ja – noch – zehn ☺).
Während ich an ihrem Schnabel schrappte und sie an meinem Finger nuckeln ließ, gingen die restlichen Finger ein wenig auf „Wanderschaft". Und siehe da, zum allerersten Mal stellte sie die Federn auf, damit ich besser herankomme. <freu> So habe ich sie denn ein bisschen unterm „Kinn", am Kiefer und in Richtung Öhrchen gekrault.

25-03-2004

Tja, die Leute aus dem Forum sind echt toll!
Ich habe schon viel Hilfe bekommen. Andrea plus Freund, Heike und Doris haben schon fleißig geholfen und wollen auch nochmal helfen kommen. Chris und Alex (Benny-Luca), Guido, Anja und Micky haben sich ebenfalls schon zur Mithilfe angesagt.
Es ist wirklich ein tolles Gefühl, so viel Hilfe zu bekommen! Euch allen noch einmal ganz, ganz herzlichen Dank an dieser Stelle.
Am nächsten Wochenende wird so viel an Decken und Wänden wie irgend möglich grundiert und am Wochenende darauf gestrichen, da das Gerüst in der Woche danach abgebaut werden muss, damit der Estrich geschliffen werden kann. Dieses ganze Bauprojekt ist wie das Spiel mit den Dominosteinen, die eines nach dem anderen umkippen. Wenn eines

hakt, kommt der ganze Prozess ins Stocken. Ich fühle mich in einem permanenten Dauerlauf gegen die Zeit. Wenn ich nicht male, werden Kisten gepackt … leider bleibt das Training dabei völlig auf der Strecke, obwohl die Transportbox wie der bekannte Mühlstein über meinem Kopfe schwebt. Scarlett, die Kluge, lernt dennoch jeden Tag etwas Neues, wie es halt kommt. Vor zwei Tagen hat sie zum Beispiel gelernt, Bird Bene Bac aus der Spritze zu schlürfen. Ich werde jetzt in der Spritze nach und nach auch andere Flüssigkeiten anbieten, sodass sie, falls mal nötig, auf diesem Weg problemlos Medikamente gegeben bekommen kann.

26-03-2004

Wegen der Transportbox: Nun, dazu müsste ich überhaupt erst einmal anfangen, dies mit Scarlett zu üben … ☺
Dafür kommt sie immer öfter freiwillig zu mir und fängt auch an, mich als bequemes Transportmittel der Wahl zu benutzen.
Heute Abend hatte ich Besuch und wollte alle (ummm … die Papageien, nicht die Gäste), da ich sie grad gefüttert hatte, ins Vogelzimmer sperren, damit sie in Ruhe fressen können. Aber Scarlett wollte immer zu mir auf den Arm. <freu>
Heute krabbelte sie auch auf die Schulter hoch und einmal flog sie sofort darauf. Das ist mir allerdings gar nicht recht. Ein ungezähmter und eventuell unberechenbarer Papagei auf der Schulter ist super gefährlich. Es ist grob fahrlässig, das zuzulassen. Also habe ich sie immer so schnell es geht, ohne sie zu verschrecken, wieder heruntergenommen.

Mit in die Küche zum Essen vorbereiten kommen ist für Scarlett mittlerweile schon Routine. Komme ich abends nach Hause, kommt sie angerast. Jack natürlich auch. Dann hopsen beide auf meinen Arm und werden in die Küche getragen. Die Grauen fliegen hinterher.

29-03-2004

Scarlett war gestern Abend das erste Mal bei der großen abendlichen Badezeremonie mit dabei. Ich war mit allen Geiern gemütlich in der Wanne. Bei Hector und Pablo ist das wortwörtlich zu verstehen, denn ich lasse sie auf meiner Hand bis zum Bauch „Wasserski“ fahren. <grins> Da schrie Scarlett auf einmal nach uns. Derzeit verstärke ich dies noch, da ich froh bin, wenn sie überhaupt dabei sein will.
Sie hat jetzt angefangen, sich zu beschweren, wenn sie alleine im Vogelzimmer gelassen wird. Ich hole sie dann ab, und so kommt sie auf Wunsch überall hin mit. Derzeit warte ich darauf, dass sie anfängt, mehr zu sprechen, damit ich das statt des Schreiens als „Komm-und-hol-mich“-Ruf verstärken kann.
Gestern schrie sie also, und ich bin tropfnass zu ihr hin getappt. Nach einem etwas verwunderten Gesichtausdruck – Wie siehst Du denn aus? – stieg sie auf meinen klitschnassen Arm und ließ sich ins Bad tragen.
Den Badewannenrand fand sie nicht so geheuer. Aber auf dem Waschbeckenrand fand sie es zusammen mit Jack sehr spannend. Das Waschbecken war natürlich mit Spielzeug, Steinchen und ein paar Nüssen verlockend gefüllt. Das

wurde Scarlett auch zu langweilig, und sie ging auf eine kleine Klettertour zu den Hängekörben. Dort ließ sie sich durch „Scarlett-no"-Rufe, deren Bedeutung sie sehr wohl kennt, nicht davon abbringen, sich über eine Packung mit Räucherstäbchen herzumachen. Was ich mit einem gezielten nassen Waschlappenwurf konterte. Natürlich habe ich dabei an ihr vorbeigezielt. Ich wollte sie ja nur ablenken und nicht bestrafen. ☺
Die Ablenkung ist geglückt. Aber die Kleine erschreckt sich ja noch nicht einmal mehr. Stattdessen schaute sie mich nur mit hochgezogenen Was-willst-Du-denn-Augenbrauen an. Ich habe sie dann vom Korb heruntergenommen, ehe sie dort andere „Leckereien" ausfindig machen konnte.
Ansonsten geben Scarlett und Jack sich jetzt jeden Abend ein Wettrennen zu mir hin. Dann hopsen beide auf meinen Arm und werden in die Küche getragen, in der sie bei der Zubereitung ihres Abendessens zuschauen dürfen. Die Grauen kommen alle hinterhergeflogen. Da keiner mehr als zwei Minuten an der selben Stelle sitzen möchte und dies jedes Mal einen kompletten Dominoeffekt auslöst, ist hier ziemlich „Action" angesagt. <lach>

Neeeiiin … ich habe Scarlett nicht „trotzdem" getroffen! <entrüstet-schau> Das würde ich doch meinem Scarlettchen niemals antun!
Nein, die Grauen toben nicht so herum, dass sie ins Wasser fallen. Im Badezimmer sind sie vorsichtiger und ruhiger als

sonst, vermutlich, da ich meistens kurz vorm Zubettgehen bade und sie schon müde sind.
Lily hat mal die Wasseroberfläche berührt, sich aber fliegend sofort wieder herausgerettet. Aber im Bad sind die Tiere niemals unbeaufsichtigt. Es ist einfach viel zu gefährlich. Zu schnell könnte einer ertrinken.

Bezüglich meiner Küchenutensilien kann ich Dich beruhigen. Mit dem ersten Papagei, der bei mir Einzug hielt, haben alle Teflonprodukte Auszug gehalten. Habe Edelstahlpfannen und -töpfe und träume von Kupfer … <seufz>
Das Gleiche gilt für Badeschaum. Da Jack gerne mal Badewasser schlürft (yikes!), werden bei mir keinerlei Badezusätze verwendet, wenn die Geier dabei sind.
Ganz ganz selten – im letzten Jahr waren es, glaube ich, zweimal – bade ich mit Kerzen, Räucherstäbchen und ganz viel Schaum … und genieße es dafür umsomehr.
Meistens verzichte ich aber gerne drauf und habe lieber die Gesellschaft der Geier. Sie sind besser, als jede Quietscheente. ☺
Vielen Dank für Deine Jobidee. Aber solange besagter Vogelpark Handaufzuchten per Massenproduktion in Schüsselchen aufzieht, um sie gewinnbringend an den Heimtiermarkt in Deutschland zu verscherbeln, werde ich dort sicher nicht tätig sein.

Was macht die Transportbox? Wer wagt es, das zu fragen? NOCH NICHT ANGEFANGEN! SETZT MICH NICHT UNTER DRUCK!!! NEEEEHHHEEEERV!!!!!!!! <lach> ☺
Im Ernst, ich melde mich, wenn ich mit dem Training angefangen habe.
Dafür habe ich Hector heute in einen Handtaschenbeutel von damals, als ich mir noch teure Handtaschen leisten konnte, gesteckt. Er fand‘s lustig und ich auch. Also kann der Papageienschmuggel im großen Stil losgehen … <lach> Aber er liebt ja auch seine Transportbox und verteidigt sie gegen Jack, wenn der versucht seinen fetten Hintern da hineinzuzwängen.
Eine Box für Graue ist halt drei Größen zu klein für einen Ara. Nur, dass dieser Ara es irgendwie noch nicht wirklich verstanden hat. ☺

30-03-2004

Ich bin sensibel! <lach> Deshalb bitte ich auch meinem Transportbox-Syndrom gegenüber um ein bisschen Rücksichtnahme … ☺
Jack ist übrigens der Brüller. Er steckt nämlich immer zuerst seinen Kopf in die Transportbox, Waschmaschine, Packkiste oder was auch immer und ruft „Kuckuck“. Ich habe keine Ahnung, wen er da begrüßt – den Geist der „Höhlen“ vielleicht? –, bevor er sich hineinzwängt … während Hector versucht, ihm von hinten in den Po zu beißen …<lach>

Die Papageien sitzen beim Baden überall (Waschbecken, Duschstange, Tür, Wannenrand). Nur Hector thront auf meiner Schulter.

… und außerdem geben Geishas ein Heidengeld für Nachtigallen-Kacke zur Gesichtpflege aus. Die meiner Geier ist mindestens genauso gut!
Aber, um Dich zu beruhigen, es geht selten etwas ins Badewasser, und wenn doch, kann man es relativ leicht wieder rausfischen.
Merke: Papageien-Kacke ist saubere Kacke!!! ☺

4. Die Weißen

10-05-2004

Hallo, nach langer Zeit mal wieder ein Update. Nach Wochen des Stresses bin ich vergangenes Wochenende endlich umgezogen und sitze hier inmitten eines Bergs von Kisten und Zeugs … stöhn … aber das Internet funktioniert! ☺
Das Transportbox-Training für Scarlett fand natürlich in allerletzter Minute statt. Eine Woche vorher fiel mir siedendheiß ein … „Da war doch noch was …?“.
Am ersten Abend hatte ich sie mit Jacks Vorturnen und vielen Pinienkernen so weit, dass ich sie mit dem Kopf in die Box stecken konnte. In den nächsten Tagen bekam sie Leckerbissen nur noch aus der Box, bis ich zuletzt mit ihr an der Box stehen konnte, Tür in der Hand und sie flugs hineinkrabbelte. Am Freitag brauchte ich dann nur noch die Tür zuzumachen.
Die Süße hat es mir auch gar nicht übel genommen.
Für die Agas habe ich zwei Tage vorher einen neuen Brutkasten (auch bekannt als Pappkarton mit Loch drin ☺) aufgestellt. Die kleinen „Pornis“ waren innerhalb eines Tages drin und so beschäftigt mit „sordiden“ Taten (auch bekannt

als „Schweinskram“ ☺), dass ich problemlos die Klappe dicht machen konnte. <lach> Alle anderen sind transportboxtrainiert. Die waren also ein Klacks zum Transportieren. Im neuen Haus angekommen, haben Forenkollegin Doris (sie und ihr Töchterchen Rachel haben mir massiv beim Umzug geholfen) und ich sämtliche Transportboxen ins Tropenhaus geschafft.
Die Reaktionen der verschiedenen Tiere beim Öffnen waren unbeschreiblich: Die Grauen hatten erst einmal Angst vor so viel Platz. Die Pornis flogen auf die höchste Leiter, die noch dort stand und die Aras sind auf Erkundung gegangen. Scarlett kletterte erst einmal bis zur neun Meter hohen Decke an den Seilen hoch, mit denen ich die temporären Sitze festgemacht habe. Dort kaute sie an dem Abflussrohr, dass ich in größter Höhe zur Knabberabsicherung für die Berieselungsanlage angebracht habe. Jack übte sofort ein bisschen Fliegen. Am nächsten Morgen bedankte er sich bei mir, indem er zum „Fenster“ in der provisorischen Sperrholzabsicherung für das Bad im ersten Obergeschoss flog und mir mehrfach verkündete „I love you“. Das ist höchstes Lob. <schmelz> <lach> Scarlett, die süße Maus, ließ sich zum allerersten Mal richtig durchknautschen, Köpfchen in meiner Hand, und voller Hingabe bot sie mir sogar ihre Kehle dar.
Tja, und dann gibt es noch die Neuankömmlinge Timmy und Tina, zwei Orangehaubenkakadus. Sie sollten sehr bissig sein, also war ich erst einmal vorsichtig. Timmy hat sich sofort völlig durchkraulen lassen und kurz darauf dem Installateur den Kopf verdreht. <lach> Sogar aus dem Wasserhahn getrunken hat er.

Tina hatte zunächst ein bisschen Angst, sodass ich ihr nur Leckerbissen mit den Fingern reichen konnte. Aber bei ihr kam der Durchbruch gestern Abend. Sie traute sich zu mir, um an meinen Schnürsenkeln zu kauen. Da sie die Nähe suchte, habe ich sie dann vorsichtig berührt und nach und nach immer mehr gekrault, bis sie zuletzt auf meinem Schoß auf dem Sofa saß und sich durchknautschen ließ.
Jetzt, da sie Geschmack dran gefunden hat, kann man sie kaum noch loswerden. <lach> Und furchtlos ist sie! So furchtlos, dass sie eben so dicht an Jack herankam, dass sie plötzlich mit ihrer Haube an seinem Schnabel baumelte. Er wollte wohl nur ein bisschen Federpflege bei ihr machen, sie hat sich aber völlig erschreckt. Kurz darauf waren die beiden allerdings wieder ganz entspannt Schnabel an Schnabel.
So, ich muss mich jetzt sputen, es gibt noch so viel zu tun.

11-05-2004

Ich habe hier derzeit noch ein Wahnsinnsschlachtfeld und irre viel zu tun. Wenn‘s mal ein bisschen besser wird, können wir hier ein Clicker-Treffen machen. Platz genug wäre hier ja. Dann könnt Ihr Euch mein Papageienparadies und die Bewohner live ansehen.
Sagt mal, habt ihr eigentlich nicht gelesen, dass Scarlett sich jetzt völlig durchkraulen lässt? Unter den Flügeln, unterm Kinn und überall??? Ist das nix?????? Und das nach stressigem Umzug, Transportbox und neuem Zuhause. Ich glaube es ja kaum, dass das keiner von Euch kommentiert hat. Bin so stolz auf die kleine Maus.

16-05-2004

Die Orangehaubenkakadus sind in der Tat Abgabetiere. Sollen beißen und schreien. Davon habe ich hier noch nichts gemerkt. Im Gegenteil, der Hahn ist jedes Besuchers Liebling – die Handwerker sollen arbeiten und nicht Kakadus kraulen!!!! –, weil er sich sofort von allen kraulen lässt und sofort den Flügel hochhebt, damit man auch ja überall gut drankommt.

Dass ich Scarlett kraulen kann, ist fast ein alter Hut. Richtig kuschelig ist sie geworden.

Gestern wurden endlich die Sockelleisten im Tropenhaus angebracht und abgedichtet. Nachdem ich heute dringend ein paar Pflanzen umtopfen musste, habe ich da ziemlich mit dem Wasserschlauch herumhantiert und „aus Versehen" alle (inklusive mir selbst – das aber wirklich aus Versehen ☺) geflutet. Die Welpen, die seit dem Umzug auch hier leben, haben sich verdrückt und wurden nicht mehr gesehen bis das Wasser wieder aus war, dito die Grauen. Die Aras und die Kakadus sind wahre Wasserratten und konnten gar nicht genug bekommen.

Ansonsten, die Welpen machen sich sehr gut mit den Vögeln, bin selber erstaunt, wie entspannt das abgeht. Die Krönung war heute Morgen, als eine der Welpen (Berry) zu mir ins Bett kam. Lily hatte eh dort geschlafen, Flores und Pablo kamen noch hinzu. Nach ausgiebigem Beschnuppern und Anknabbern (Flores! Die Pfoten sind nicht zum benagen da!) haben wir allesamt noch ein wenig gekuschelt und geschlafen. Bin völlig erstaunt, dass die Geier keine Angst haben und dass die Hunde so liebevoll und vorsichtig mit den Vögeln umgehen. Wenn sie doch nur genauso entspannt an der Leine gehen würden.

24-05-2004

Ja es ist wirklich zu schade, dass Ihr nicht sehen könnt, wie die Papas sich mit den Hunden anfreunden. So wurde Tina eingehend beschnüffelt, und Jack machte sich gestern daran, genüsslich Berrys Ohr auszulutschen, ein Privileg, das sonst mir vorbehalten bleibt. <lach> Nur wenn es zu sehr kitzelte, hat sie ihren Kopf geschüttelt.
Er untersuchte auch ihr Fell und testete es auf Ziehfestigkeit und Kaubarkeit – so auch die Ohrenspitzen. Sie nahm es gelassen hin, allerdings unter meinen Argusaugen, falls er zu übermütig werden sollte.
Die Vorbesitzer der Orangehaubenkakadus haben realisiert, dass sie den Tieren nicht den Platz bieten konnten, den sie brauchen, und ihr Verhalten wohl deshalb negativ auffällig wurde. Man sollte es ihnen hoch anrechnen, dass sie dies erkannt und die Tierchen zu ihrem Wohl weitergegeben haben. Platz haben sie ja bei mir satt. Und sie sind wirklich NUR lieb.

27-05-2004

Ich möchte noch einmal betonen, dass man mit Raubtieren wie Hunden oder Katzen und Papageien sehr vorsichtig sein sollte. Zu schnell kann etwas geschehen. Außerdem ist es auch unhygienisch, und Papageien können

Säugetierebakterien oft nicht so gut wegstecken. Was ich oben beschrieb, soll auch bei mir nicht zur Regel werden.
Als Schmankerl erzähle ich Euch aber noch eine Geschichte:
Ein Herz für Hunde!
Nachdem ich beschlossen hatte, dass ich mit bettelnden, Essen stehlenden Geiern leben kann, aber keine Lust habe, auch noch mit den Hunden um mein schwerverdientes Brot rangeln zu müssen, habe ich mir vorgenommen, dieselbigen bei der Nahrungsaufnahme (der Meinigen) tunlichst zu ignorieren.
Flashback zu gestern Abend …
Nach getaner harter Arbeit, Geier füttern, Spaziergang mit Hundis usw., sank ich erschöpft mit einem Becher Hüttenkäse – der war eigentlich für die Hunde gedacht, aber es war nichts anderes da … brrrr … eigentlich viel zu gesund – aufs Sofa. Snow lag sehnsüchtigen Blickes vor mir auf dem Boden neben dem Kaffeetisch, Berry auf dem Boden zu meinen Füßen. Soweit so gut. Die Geier waren gefüttert, also mehr oder weniger satt. Bis auf Lily und Jack, die immer noch ein füllungsbedürftiges Eckchen in ihren Mägen finden. Also Lily auf meiner Schulter bekam den einen oder anderen Hüttenkäse-Klumpen kredenzt, und Jack, der Anspruchslose, bediente sich direkt selbst am „kalten Buffet“.
Da er jedoch nicht nur anspruchslos <gröhl>, sondern auch hochsensibel ist, bemerkte er natürlich recht schnell die sehnsüchtigen Blicke von Berry. Mit blutendem Herzen steckte er also seinen Kopf tief in den Becher, schaufelte soviel Hüttenkäse wie ging in seinen Unterschnabel, lief

mein Bein entlang zu Berry und schob mit der Zunge einen Großteil direkt in ihre Schnauze. Erst dann verspeiste er den Rest der im Schnabel gebunkerten Üppigkeit.
Durch diese Aktion hatte er allerdings Hüttenkäse im ganzen Gesicht verteilt. In tiefster Dankbarkeit wusch Berry ihm liebevollst sein Gesicht <schlürf> sauber. Jacks Gesichtsausdruck dabei war wie ein Teenager, der von der Mami mit dem Waschlappen unwilligst das Gesicht gewaschen bekommt. <lach>
War es ein Zufall? Kaum. Denn dieses Ritual vollzogen Jack und Berry ein ums andere Mal bis der Becher leer war. Ich weiß, es ist furchtbar unhygienisch. Ich werde mal die Tierärztin befragen, wie das so mit Hundewürmern und Papageien ist – man weiß ja nie. Aber es war einfach so süüüüß und ich musste so lachen, dass ich nicht das Herz hatte, es ihnen zu verbieten.
Dabei gab es wohl strenge Spielregeln. Bettelte Berry, während Jack seinen Anteil verspeiste, wurde sie mit erhobener Kralle abgewehrt. Wurde sie zu aufdringlich, wurde ihr mit Drohgebärde unmissverständlich mitgeteilt, dass er diesen Happen nicht zu teilen gedachte. Einmal kniff er sie sogar in die Lefze – aber, nach ihrer Reaktion zu schließen, nicht sehr fest. Zum Schluss hatte Jack Berry so weit „erzogen", dass ein scharfer Blick genügte, um sie dazu zu bewegen, ihm ein wenig Freiraum zu lassen.
Etwas später gab es noch Kekse, da waren alle Geier mit dabei. Ich finde es hochinteressant zu beobachten, wie sehr Hunde (insbesondere im Vergleich zu den Geiern) respektieren, was „Deins" ist. Es wird sehnsüchtig geblickt und auf

Krümel gehofft, aber es wird nicht gestohlen. Demzufolge sitzen die Geier auch völlig entspannt vor feuchten Hundenasen, während sie ihre Kekse knuspern.
Natürlich wurden Snow und Berry für ihr vorbildliches Verhalten auch üppig belohnt. Von den Geiern und von mir.
Nachdem Geier solche Futterverschwender sind, sollte sich jeder Papageienbesitzer Hunde zulegen. Es ist eine perfekte Symbiose, Krümelmonster und lebende, intelligente Boden-, Sofa-, Klamottenstaubsauger zu haben. ☺

28-05-2004

Es sind jetzt zehn Papageien (vier Graue, zwei Grünflügelaras, zwei „Pornis“ und die beiden Orangehaubenkakadus) und zwei Hunde.
Seit gestern Abend wissen die Geier, dass man Hunde auch als gute Aussichtsplattform benutzen kann. Die Hunde haben kaum die Augenbraue gehoben. Faszinierend.
Rattenscharf sah der Kontrast zwischen schwarzem Hund und weißem Kakadu aus, als Tina sich auf Berry niederließ. Sie ist allerdings sehr knabberfreudig, sodass ich sie wieder wegsetzte, ehe Berrys Geduldsfaden – als Ziel der Knabberversuche – reißen konnte. Hätte ich wirklich nie gedacht, dass die Papas und die Hunde so problemlos zusammen sein könnten. Ganz wohl ist mir dabei allerdings nicht, und ich passe sehr auf. Na mal schaun, wie es sich weiterentwickelt. Solche Situationen sind nun doch sehr dynamisch, ich werde weiter mit Argusaugen ihr Zusammensein überwachen. Wenn ein Papagei auf einem Hund oder auch nur

in der Nähe landet, setzte ich ihn auch sogleich weg an eine sicherere Stelle. Mit der Zeit werden sie es dann hoffentlich lernen, dass Hunde keine Anflugziele sind.

Natürlich kann man den Papageien alles Mögliche beibringen. Man müsste nur mehr Zeit haben. Wenn ich was mit ihnen übe, lernen sie es enorm schnell. Nur zwischen Spazierengehen, Haus weiter in Schuss bringen – die Umzugskisten werden einfach nicht weniger –, Papageien streicheln, Arbeiten usw. bleibt einfach nie genug Zeit.

31-05-2004

Die Geier werden immer dreister.

Liegt irgendwo ein Hund im Weg – und das tun sie oft –, wird einfach in gerader Luftlinie weitermarschiert; quer über den Hund drüber.

Stellt ein Hund einen guten Landeplatz dar, wird auch dieser gerne wahrgenommen. Die Grauen sind so leicht, dass nicht einmal gezuckt, höchstens kurz gelangweilt geschaut und dann weitergeschlafen wird. Unter Jacks „Fliegengewicht" wird erst einmal geächzt, kurz in die Knie gegangen und dann wieder stabilisiert. Ich habe den Eindruck, dass die Geier die Hunde voll unter Kontrolle haben. Insbesondere Jack oder Scarlett brauchen nur einmal scharf zu schauen, und schon wenden die Hunde sich ab.

Heute Morgen saß Scarlett im „Badezimmerfenster“, während die Hunde mit einem ergatterten Eisteedeckel (knallgelb!) spielten. Frei nach dem Motto, was Deins ist, ist meins, insbesondere, wenn es mir gefällt, flog Scarlett auf den Boden, marschierte zu den Hunden, schnappte sich den Deckel von den völlig verblüfften Hunden und flog gelassen wieder in die Fensteröffnung. Voneinander lassen sich die Hunde dies nicht gefallen, nur von mir.
Die Hunde seufzten und legten sich schlafen …
Verwundert beobachte ich weiter.

Ich denke, ich sollte kurz etwas klarifizieren für eventuelle Nachahmer. All die oben beschriebenen Geschichten, so niedlich sie sich auch lesen, geschehen nur unter meinen Argusaugen und sind eher „Unfälle“ als beabsichtigt. Unbeaufsichtigt lasse ich die Tiere nie zusammen. Ich möchte auch noch einmal nachdrücklich davon abraten, Hunde und Papageien zusammen spielen zu lassen. So etwas kann für die Papageien tödlich ausgehen.
Meine Hunde wurden ab dem ersten Tag fürs Ignorieren der Papageien belohnt. Also für jedes Weggucken gab es Lob und/oder Leckerli. Haben die Hunde die Papageien fixiert oder sind gar in ihre Richtung gelaufen, insbesondere, wenn sie auf den Boden flatterten, was immer wieder mal vorkommt und sicherlich sehr interessant für die Hunde sein könnte, habe ich sie sofort abgerufen und natürlich dann dafür belohnt. Falls sie meinen Abruf ignorierten, bin ich

deutlicher geworden und habe durchaus auch schon mal den Schnauzgriff angewandt.
Im Gegenzug werden die Papageien sofort abgezogen, wenn sie anfangen, aufdringlich zu werden, oder gar an den Hunden knabbern. Dass die Papas auf den Hunden landen, so süß es auch aussieht, ist nicht etwas, was ich verstärke. Verstärkt wird hingegen, wenn beide Parteien einander in Ruhe lassen.
So wurden zum Beispiel nach der Scarlett-Aktion heute Morgen die Hunde ganz doll fürs Lieb-sein gelobt. Scarlett hingegen wurde ignoriert (außer von Jack, der sich dann natürlich daran machte, ihr den Deckel zu stehlen <grins>).
Die Hunde waren in der Tat von Anfang an recht entspannt. Allerdings habe ich auf die allerersten Anzeichen von unerwünschtem Verhalten sofort reagiert und nicht die Chance gegeben, dass ein ausgeprägtes unerwünschtes Verhalten entstehen konnte.

Aaaalso (mit Oberlehrermiene <grins>), auch Sittiche sind Papageien …
Ich bin kein Vogelsammler und nehme nur Tiere auf, wenn diese wirklich ein Zuhause brauchen. Ich habe jetzt die Räumlichkeiten, um große Papageien aufnehmen zu können, die nur schwer ein gutes Zuhause finden.
Wellis kann man leichter unterbringen, auch wenn Hunderte von ihnen abgegeben werden. Also werde ich nicht meine Räumlichkeiten mit Wellis auffüllen, die man auch sonst

gut unterbringen könnte, während die Großen dann in die „Röhre" gucken müssten. Außerdem ist meine „Spezialität" eigentlich Problemtiere, verhaltensgestörte, Schreier, Beißer usw. Da braucht jedes Tier schon Zeit und Aufmerksamkeit. Auch da würde ein großer Schwarm Wellis nicht wirklich passen.
Hinzu kommt, dass ich sehr pingelig bin, was Krankheitsvorsorge und Quarantäne angeht. Jedes Tier, das bei mir Einzug hält, wird gründlichst mit allen Tests vom Tierarzt gecheckt und einer Quarantäne unterzogen. Allein für die Orangehaubenkakadus habe ich rund 450 Euro für Untersuchungen bezahlt, obwohl ich bei denen einige Tests sogar zusammenlegen konnte. So viel Geld habe ich nicht, um das für Dutzende von Wellis zu bezahlen.

Meine Meinung bezüglich Handaufzuchten ist in diesem Forum hinlänglich bekannt und diskutiert worden. Deshalb werde ich da nicht nochmal drauf eingehen.
Aaaaber … es gibt nichts Befriedigerendes als Schritt für Schritt das Vertrauen eines „Problemtieres" zu gewinnen und ihm eine wirklich zweite Chance (oder dritte, vierte, …) geben zu können.

Ich habe es heute deutlich zweimal Winseln gehört, während die Hunde schlafend neben mir lagen. …

Ja, mit dem Papageienparadies habe ich mir wirklich einen Lebenstraum erfüllt. Ich werde wohl nun aber auch mein Leben lang dafür zahlen dürfen, wenn nicht irgendwann ein Lotteriegewinn kommt …
Wenn Du magst, kannst Du mich ja mal besuchen kommen. Ist zwar noch alles ziemlich rudimentär hier, aber es wird Tag für Tag ein wenig wohnlicher. Und ich gebe doch sooo gerne mit meinen Lieblingen an. ☺

02-06-2004

Zu folgendem Kommentar möchte ich mich mal äußern:
„Du machst immer super Glücksgriffe beziehungsweise richtest es dir dann, wie du es brauchst!“
So etwas höre ich des Öfteren. Auch, dass ich so ein Glück mit meinen Tieren hätte, während man selber soooo ein Pech gehabt hätte mit seinen, die man als Babys direkt vom Züchter gekauft hätte.
Nachdem meine zwölf aus recht unterschiedlichen Situationen kommen, muss ich immer ein bisschen schmunzeln (manchmal auch weinen), dass das Fehlverhalten auf den Charakter der Tiere geschoben wird, anstatt dass der werte Halter sich mal an die eigene Nase packt und überlegt, was er selbst wohl gemacht haben könnte, um das Tier zu dem zu machen, was es ist.
Wenn man kein Glück hat, dann sollte man zumindest einen Clicker haben.

03-06-2004

Danke für die Blumen.

Wenn man Papageien beobachtet, merkt man allerdings, dass es so etwas wie Rangordnung oder Höhendominanz gar nicht gibt. Das ist mal wieder ein Beispiel dafür, wie menschliches Hierarchiedenken auf die Tierwelt übergestülpt wurde. Neuere Feldstudien belegen, dass es bei Auseinandersetzungen unter Papageien um Ressourcen, also Futter, Sitzplatz, Nistplatz, geht, nicht um die Etablierung einer Rangordnung. Und das diese Auseinandersetzungen situativ bedingt sind. So eine Beobachtung kann man selber anhand einer Strichliste durchführen, wenn man die Möglichkeit hat, mehrere Papageien zu beobachten. Also zum Beispiel: Papagei eins gewinnt gegen Papagei zwei, Papagei zwei gegen Papagei drei und Papagei drei gegen Papagei eins, kurze Zeit später ist dann wieder alles anders, Papagei zwei gewinnt gegen Papagei eins usw. Das zeigt deutlich, dass es keine Hierarchie gibt.

Dass man als Besitzer Papageien genauestens beobachten sollte, ist richtig. Es gibt etliche Warnzeichen, bevor ein Papagei zubeißt. Werden diese allerdings allesamt ignoriert, bleibt dem Papagei nichts anderes übrig, um sich mitzuteilen als zu beißen. Leider lernt er dann schnell, dass Beißen eine sehr effektive Weise ist, um zu kommunizieren.

Wenn Du Papageien in Käfigen hast und andere, die frei herumfliegen, wirst Du immer die Gefahr haben, dass die im Käfig den anderen in die Füße beißen, wenn sie auf dem Käfig landen. Deswegen würde ich nachdrücklich davon abraten. Meine Papageien sind ständig frei zusammen in einem großen Raum ohne Käfige. Das klappt ganz ausgezeichnet, trotz unterschiedlicher Arten und Größen. Die Aras sind sehr verträglich und gelassen.

04-06-2004

Hellrote Aras sind sehr hübsch. Da stimme ich Dir zu … meine sind allerdings Dunkelrote. <lach> Das kann man an den Gesichtsfedern erkennen. Die haben hellrote nicht.
Frag mal die Züchter, wieviel Platz sie den Tieren zugestehen und wie dieser Platz ausgestaltet ist. Streitigkeiten sind meist um Resourcen und können minimiert werden, wenn genug (oder gar keine) Brutboxen, Futterschüsseln, Sitzäste usw. zur Verfügung gestellt werden.
Du kannst einiges tun, um den Platz für die Paare so zu gestalten, dass sich Konflikte vermeiden lassen. Schlimmstenfalls kannst Du Sichtschutzmöglichkeiten einbauen, hinter die sich ein Tier zurückziehen kann, wenn es möchte. Wilde Spiele, die wie Kämpfe aussehen, gibt es immer wieder. Sie können zwar gefährlich aussehen, sind es aber nicht. Das darf man also auch auf keinen Fall verwechseln.

05-06-2004

Die Einleitung zu meinem Buch gammelt seit ungefähr einem Jahr schon auf dem Rechner rum. Aber zwischen Bau,

Job und Forenarbeit bleibt einfach keine Zeit. Außerdem findet man keine Verleger. Ich habe mal mit einem gesprochen. Ein Vogelbuch verlegt zu bekommen, ist so gut wie utopisch. Die meisten Autoren machen das auf eigene Kosten. Vielleicht werde ich doch mal ein Seminar geben …

07-06-2004

Ich sage Euch: „Schmusevögel sind lästig“. Nehmt gestern Morgen: Badezimmerfenster zum Tropenhaus auf. Scarlett muss gekrault werden, Jack auch. Zwischendurch versuchen aber auch Hector und Tina mal dranzukommen. Irgendwann fliegt Timmy mittenrein. Tina, die ich inzwischen auf die Waschschüssel gesetzt habe, versucht daraufhin wieder auf meiner Schulter zu landen, wo aber schon Jack und Timmy sitzen. Daraufhin hat Jack sie am Häubchen gezogen. Dieses Häubchen übt eine irrsinnige Faszination auf alle Geier aus. Es ist gelb und bewegt sich. Das muss doch ein besonders tolles Spielzeug sein. ☺

Großes Theater.

Tina, auf dem Boden gelandet, erkundet meine Gummiclogs, die eigentlich für das Tropenhaus sind – aber egal. Nachdem sie dort erfolgreich ein paar Teile herausgebissen hat, erkundet sie, ob das mit dem braun-rosa Zeug, das darin steckt, auch geht. Hach, das quiekt ja ganz lustig (das waren dann meine Füße). Aber wieso werde ich jetzt weggeschoben? Egal, es gibt ja noch Hundepfoten zu erkunden.

Berry, die bis dahin friedlich auf dem Boden schlief, beschließt daraufhin, Tina zu beschnuppen, die wiederum erkundet, ob nicht die ganze Hundenase in ihren Schnabel passt. Sie passt nicht.

Währenddessen beschnuppert Snow Scarlett, die ihr mit dem Schnabel droht, aber völlig verblüfft ist, einen nassen Lappen durchs Gesicht gewischt zu bekommen. Jack, neben Scarlett im Fenster, erkundet, ob der schwarze Lappen an Snows Kopf genauso lustig zum Spielen ist, wie Tinas Häubchen. Aber wie doof, die Federlose sagt (mal wieder <seufz>) „Nein, Jack".

Alle abgeschüttelt und getrennt, schlüpfe ich erschöpft (und das bevor der Tag eigentlich richtig angefangen hat) in die Badewanne. Lily?? Wo ist Lily??? NEEEIN, Lily! Lily zieht ihren Kopf aus der Make-up Schublade und blickt mich ganz unschuldig an: „Qui??? Moi???????" Zu dumm, dass die Mascara in ihrem Schnabel die (ganz ausgezeichnet gespielte) Unschuld Lügen straft.

Wieder aus Badewanne raus. Lily die Mascara wieder abgenommen … an alle Wattestäbchen zum Zerstören verteilt. Gute Idee an sich, aber Tina (die Hundepfoten-Erkundende) hat Angst vor Wattestäbchen. Egal, dann knabbert sie halt nicht. Scarlett hat ihres indes verloren, bevor alle ihr Erstes überhaupt bekommen haben und fliegt zu mir hin, um Nachschub zu holen.

Gibt es nicht – ich will jetzt baden. Na ok, wenn du mich soooo bittend anschaust, dann mache ich halt eine Ausnahme, aber nur eine! Na gut, für Dich auch und für Dich.

Badewanne, zweiter Versuch:

Scarlett und Jack auf dem Badewannenrand. Scarlett will warmes Wasser trinken, das ihr in den Schnabel geträufelt

werden muss. Dreimal dürft Ihr raten von wem. Jack hingegen möchte einen Schluck Kräutertee. Tina findet es doof, alleine auf dem Waschtisch zu sitzen, landet auf dem Badewannenrand und rutscht mit dem Po ins Wasser. Zwei Flügelschläge – gerettet. Sie schüttelt sich und blickt mit dem von ihr perfektionierten, leicht arroganten Das-war-so -geplant-Blick um sich.
Aus der Wanne raus, muss ich alle wieder ins Vogelzimmer buchten: Timmy problemlos, Pablo auch. Hector und Lily lasse ich für später. Scarlett und Jack mit viel „Hallos und Kuckucks" und doch nochmal kurz den Kopf dazwischen geschoben, hintenrunterhängenlassen mit Krällchen im Fenster, damit es auch bloß nicht zu geht, sich schlapp lachend. Tina, die kaum, dass man sie ins Vogelzimmer „geworfen" hat, in der Luft eine Kehrtwende macht und wieder zurückfliegt … uff … endlich sind alle drin.
Und Floris? Manchmal ist es ganz schön angenehm, dass sie nicht fliegen kann. Sie erzählt mir was, und ich nehme sie auf der Hand mit.
Und ich? Mal wieder auf den letzten Drücker zur S-Bahn, die glücklicherweise Verspätung hat.

14-06-2004

Ich gehe mit beiden Hunden zusammen zur Hundeschule. Im Gruppenunterricht (zwei Stunden bisher) wechsele ich sie ab. So lernt die andere in der Zeit, angebunden, ruhig alleine herumzuliegen. <grins> Manchmal nimmt die Trainerin auch die andere.

Im Einzelunterricht (zwei Schnupperstunden bisher), nehme ich auch beide gleichzeitig mit. Eine für die Trainer, eine für mich. Zu Hause (also die Realität) trainiere ich mit beiden gleichzeitig. Habe ich mit den Papageien auch immer so gehalten. Nur die Trainer glauben mir nicht, dass das geht. <lach> Also tue ich ihnen den Gefallen und mach's im Unterricht getrennt.

Ob ich sagen kann welcher Hundecharakter bei meinen Mischlingen am meisten durchkommt? Mensch und ein bisschen Papagei! ☺ Die wissen nicht, dass sie Hunde sind. Gestern habe ich die Regendusche eingeweiht. Nachdem die Tür weiß der Kuckuck wo abgeblieben ist, hatte ich das Warten und endlose Vollbäder satt und habe gestern einen Duschvorhang angeschraubt.
Wie auch in meinem früheren Heim, ist die Devise: „Wer Duschen geht, muss einen Papagei mitnehmen". Das gilt selbstverständlich auch für mich. Vielleicht habe ich deshalb so wenig Besuch … hmmmmmmmmm.
Ich also zur Einweihung Tina und Jack geschnappt. Die Hunde kamen schön hinterher. Aber sobald das Wasser anging, haben beide gekniffen. Aber solch treue Seelen, sie lagen auf der Schwelle zur Dusche mit jeweils einer Pfote unter dem Duschvorhang ins Nass, der restliche Hund lag schön im Trockenen. So als ob sie sagen wollten: „Sieh nur, wir bleiben bei Dir … aber erwarte bitte nicht von uns, nass zu werden." ☺

Nachdem gestern auch Pablo und Tina erfolgreich unter völliger Nicht-Beachtung auf den Hunden gelandet sind, dachte ich: „Das kann man auf Kommando setzen." Damit würde ich erreichen, dass das Verhalten mittelfristig nur noch dann gezeigt wird, wenn ich das Kommando spreche. Dies würde dann natürlich nur unter Beobachtung geschehen und nur so oft, damit es nicht verlernt wird. Eigentlich eine clevere Idee, dachte ich.
Also setzte ich Jack heute Abend auf Snows Hintern. Dummerweise hat sie das völlig missverstanden. Frauchens Hand auf meinem Po und Druck … kombiniere????? … und setzte sich. Jack ist dann wie auf einer Rutsche zu Boden geflutscht. <lach>

16-06-2004

Beide Hundis waren heute bis zur Hüfte in der Dusche!!!!

… und dann … beim Spazierengehen, dachte ich, „Ich bring ihnen bei, im Main zu schwimmen". Fleischwurst schwimmt ja. <grins> Also Fleischwurststückchen erst dicht an den Rand geworfen, und dann immer ein bisschen mehr ins Wasser. Hat suuuper funktioniert!
Leider hat unser Gejauchze und Getue einen Riesenschwan angelockt, dem die Fleischwurst sichtlich auch ganz gut schmeckte und der fauchend die Hundis vertrieb. Die haben es ihm vom sicheren Ufer aber gegeben. <lach>

Also dachte ich, gute Gelegenheit, unter extremer Ablenkung Platz zu üben. Man muss die Opportunitäten halt ergreifen, wie sie kommen. ☺ … und was geschah dann???? Mama-Schwan nebst Küken trauten sich auf einmal auch aus ihrem Versteck … sehr von Papa-Schwan bewacht. Jedesmal, wenn die Hunde muckten, machte er sich soooooo grooooß und hat gaaanz gefährlich gefaucht. Meine Güte, war der riesig. Sich mit ihm anzulegen wäre sicherlich keine gute Idee gewesen. Aber die Mama und das Küken waren wirklich goldig.

Ich bin als Kind in unserem Schulpark von einer Gans gebissen worden. Mann, das tat weh. Hat einen riesigen blauen Fleck gegeben. Der Schwan war bedeutend größer!

Im Park laufen die Hunde an der Leine, aber im Feld leine ich sie ab. Sie kommen eigentlich schon sehr zuverlässig, auch wenn sie durch Fahradfahrer, Vögel, andere Hunde abgelenkt werden (Liebespaare trennen sie zuverlässig <lach>). Es könnte allerdings etwas schneller gehen. Aber spätestens, wenn ich in die andere Richtung davonjogge, spuren sie richtig. ☺
Muss Euch eben noch schnell von Flores (der flugunfähigen Grauen) erzählen, die derzeit auf meiner Schulter parkt. Seit heute Abend hat sie ein neues Spiel, das zeigt wie sehr sie

Vertrauen gefasst hat. Sie lässt sich in meine Hand auf den Rücken legen, manchmal sogar fallen. Dann hebe ich sie wie einen Jo-Jo ganz schnell hoch und runter, während sie begeistert „clickt".
Drehe ich sie wieder richtig rum, ruft sie „Kuckuck" und hängt sich mit den Füßen wild flatternd an meinen Finger, lässt sich von dort wieder hängen und wieder hoch und runter heben. Dann fängt das Spiel wieder von vorne an. Zwischendurch zum Erholen, Bäuchlein streicheln in Rückenlage. Man ist die süß!

18-06-2004
Ja, die Hunde haben auch unter Stress Platz gemacht. ☺
Gleich geht's wieder zum Hundetraining.

Mein Hundetrainer ist nicht erschienen. Also nach ewigem Warten – so kam es mir zumindest vor – schnell dort angerufen. Ähem … heute ist gar nicht Samstag??? Oh Sch … !!!!!! Glücklicherweise hat mein Chef es mit Fassung getragen. Richtig peinlich, huh??? <keinen-Plan-hab>

21-06-2004
Wie das verlängerte Wochenende war? Natürlich immer noch zu kurz! Habe „die Bibliothek" zum Teil gestrichen und angefangen, Regale einzuräumen. Aber das Beste ist

… ich habe Haken für eine Hängematte im Tropenhaus angebracht. Wenn ich nicht da bin, hängt die Matte sicher, außer Reichweite von Geierschnäbeln, am Haken im Kellerabgang. ☺
Ich habe gestern und vorgestern nach getaner Renovierungsarbeit eine Schale Nüsse geschnappt und mich in die Hängematte geömmelt. Es war wie in den Tropen. Nur noch schöner, da es MEINE Papageien waren, die alle ankamen, um gefüttert zu werden. Auch die Hunde kamen, um alles was fallengelassen wurde, mit den Kakadus aufzusammeln, die auch Bodensammler sind, wenn sie nicht gerade auf einem abhängen, um gekuschelt zu werden. Supergemütlich!
Hundeschule: Am Samstag war der Trainer dran, der nie lobt – zumindest den Menschen nicht. Mittlerweile gehe ich aus verschiedenen Gründen zu drei verschiedenen Hundeschulen und schaffe es trotzdem nur alle paar Wochen. Aber ich finde meine Hunde toll! Wir üben derzeit Rückruf unter Ablenkung – also wenn andere Hunde da sind usw.

Apropos Nüsse: Wir haben ein neues kleines Ritual.
Wenn ich abends nach Hause komme, stelle ich die Nüsse in Futterschalen ins Tropenhaus. Aber dann hole ich die Hängematte und krümele mich mit einer extra Schale besonders guter Nüsse plus Nussknacker da hinein und füttere die Geier von Hand. Aus der Hand schmeckt es ja auch viel besser als aus so einer ollen Schale (feinstes Ikea-Porzellan übrigens ☺)

Heute Abend fing es auf einmal an zu schütten wie aus Kübeln. Die Hängematte hängt an einem circa zwei Meter breiten Zwischensteg zwischen den aufklappbaren Oberlichtern, die auch offen waren.
Es war völlig irre – links und rechts von mir ein dicker Regenvorhang – ich mit Hängematte dazwischen schön trocken. So etwas Gemütliches könnt Ihr Euch gar nicht vorstellen! Einziges Problem – die Geier mussten durch den Regen fliegen, um zu mir und den begehrten Nüssen zu kommen. ☺☺☺

24-06-2004

Was Du tun kannst, damit der Schnabel Deines Papageis nicht zu lange wird? Gib ihm ganz viele frische Äste zum abknabbern!
Bezüglich Deiner Frage über das Zähmen: Ich habe ein paar Papageien, die Kuscheltiere sind, aber das kommt nicht von heute auf morgen. Es braucht sehr viel Liebe, Geduld und Vertrauen. Und das Vertrauen gewinnt er nicht, wenn Du ihn bedrängst. Also sei bitte sehr geduldig mit ihm. Weniger ist mehr.
Wenn Du sagst, dass Du ihn unbedingt streicheln willst – denkst Du primär an Dich selbst und nicht an seine Bedürfnisse. Dass ist nicht unbedingt eine gute Basis, um Vertrauen zu gewinnen – auch wenn ich Dein Bedürfnis verstehen kann. Also überlege doch mal lieber, was Du tun kannst, um ihm das schönste Leben zu geben: Hat er einen Partner? Einen großen Käfig (bitte informiere Dich über die

Mindestanforderungen an die Haltung von Papageien, falls noch nicht geschehen)? Spielzeug? Hohe Luftfeuchtigkeit? Sonne? Viel Obst und Gemüse? All dies braucht er, wenn er ein gesundes, glückliches Leben haben soll.

28-06-2004

Nachdem die Aluleiter im Tropenhaus bei meinen Geiern sehr beliebt ist, habe ich sie gestern Abend gegen eine aus Holz ausgetauscht … Das Tropenhaus evolviert ständig … fast wie im richtigen Dschungel. <lach>

Die Maße des Tropenhauses sind: vier Meter breit und 13 Meter lang. Die ersten sechs Meter sind etwas über neun Meter hoch. Der Rest ist fünf Meter hoch.
Es ist noch alles ziemlich unfertig. Ich habe bei einem Jäger einen richtig großen verzweigten Ast in Bestellung. Er soll auf dem Boden liegen, aber so,viele Verzweigungen hoch haben, dass alle da gut drauf sitzen können. Ich habe das mal auf einem Bild vom Ara-Gehege in einem Tierpark gesehen. Das sah schon toll aus.
Außerdem sollen die ganzen Wände und Ständer noch berankt werden. Zarte Anfänge davon kann man an den Ständern sehen und am Wasserrohr, das zur Berieselungsanlage hoch geht. Und dann müssen natürlich die ganzen Pflanzen noch schön hoch wachsen, damit es richtig grün wird.

29-06-2004
Scarlett hat, glaube ich, etwas Angst vor der Kamera. Auf Bildern wirkt sie immer ein wenig verkrampft. Wenn sie sich beim Gekrault-werden richtig „hingibt“, sieht das ganz anders aus. Sie kommt dann ja auch auf den Arm und kuschelt.

Danke für den Hinweis wegen der beiden Grauen. Klar kann ich helfen. Ich habe den Besitzer gerade angeschrieben.

02-07-2004
Hallo, Ihr Lieben!
Die von Euch, die mich ein bisschen besser kennen, wissen, dass ich seit einiger Zeit immer wahnsinnig erschöpft war. Ich dachte, es ist der Stress vom Hausbau, Job und vielen Tieren.
Nachdem ich gestern Nacht mit rasenden Kopfschmerzen in der Nacht aufwachte und ich den Tag zu Hause blieb, ging es mir heute im Büro dann auf einmal wieder zunehmend schlechter. Also habe ich den Nachmittag frei genommen und bin zum Internisten getapert. Ergebnis, ich habe eine Bronchitis, die sich mittlerweile bis in die letzten Ecken meiner Lunge ausgedehnt hat. Selber schuld, ich weiß.
Der Grund, warum ich so kaputt war, ist, dass die Lunge in ihrer Funktion beeinträchtigt ist und mein Körper einfach nicht genug Sauerstoff bekommt. Ich habe jetzt Medikamente

bekommen und muss Montag zum Lungenfunktionstest. Ihr braucht Euch keine Sorgen machen, mir geht es soweit gut. Ich werde nur in nächster Zeit ein bisschen kürzer treten.

Das ist sehr nett, aber auch sehr leichtsinnig von Dir, dass Du helfen kommen möchtest. Auf meiner To-Do-Liste stehen noch ungefähr 500 Sachen. Danke! <knutsch>
… Ein Freund hat mir heute Abend die neun Bananenkisten mit Kacheln für den Kakelugnar (das ist ein alter schwedischer Kachelofen) aus seinem Lager vorbeigebracht. Die muss ich jetzt einzeln beschriften, einweichen und den alten verkrusteten Lehm abbekommen. Dementsprechend sieht es jetzt bei mir aus. Bin an der dritten Kiste. Meine Güte, was bin ich dankbar für die Bodenabflüsse.
Habe heute Nachmittag, nachdem ich vom Arzt kam, auch noch zwei richtig tolle Sitze für die Papas gebastelt und hier im Wohnzimmer an die Decke montiert … frisch gedopt geht die Arbeit richtig leicht von der Hand. ☺
Aber jetzt gehe ich erst einmal in die Heia, ehe ich hier noch eins auf die Mütze bekomme. ☺

03-07-2004
Also, jetzt macht aber mal einen Punkt. Schlussendlich schleppe ich diese Krankheit offensichtlich schon seit Monaten mit mir rum. Ist ja nix Akutes, sondern etwas, das sich über einen Zeitraum hin in meine Lunge weitergekrabbelt

hat. Ich dachte immer, die Beschwerden seien stressbedingt … so kann man sich täuschen. <lach>
Außerdem habe ich keine Petra, keinen Marc oder Sklavenkinder ☺, die für mich übernehmen. Wenn ich es nicht tue, tut es keiner. Es gibt nun mal Dinge, die hier getan werden müssen und nicht aufgeschoben werden können.
Meint Ihr denn, ich würde nicht gerne mal eine Woche im Bett verbringen und gar nichts tun, statt mich, selbst wenn ich rasende Kopfschmerzen habe oder es mir sonstwie ganz schlecht geht, hochzuschleppen und die Tiere zu versorgen? Nichts zu tun, ist ein Luxus, den ich mir leider nicht erlauben kann.
Jetzt bekomme ich erst einmal Cortison, und am Montag habe ich einen Lungenfunktionstest. Krankgeschrieben bin ich übrigens auch nicht.

Ich dachte, Du schlägst keine Frauen – hattest Du mir mal erzählt. ☺ Doris hat meine Wohnung gesehen, ich denke, sie wird zustimmen, dass nur das Nötigste getan wird. Auch wenn ich nicht gerade eine Vorzeigehausfrau bin, so schlimm wie das Haus derzeit aussieht, ist es selbst mir zu chaotisch.
Wegen des Cortisons – nun ja, es wirkt halt. Meine Eltern sind beide Ärzte. Mit denen werde ich es ohnehin noch besprechen. Meine Güte, ich wollte keine Diskussion anzetteln, sondern nur Bescheid sagen, dass ich hier im Moment nicht voll mitmachen kann. Also entspannt Euch mal bitte

alle. Der Stress, den ich von Euch bekomme, tut mir übrigens auch nicht gut. ☺☺☺

09-07-2004

Scarlett, Jack und Snow sind furchtbar verfressen. Sie vermuten überall noch was Gutes, frei nach dem Motto „Mal schauen, was alles essbar ist“. Sogar meine Gummilatschen testen sie. Sie scheinen besonders gut zu schmecken. Auf Eiswürfel sind sie auch ganz scharf. ☺

Hi! Ja super! Ich freue mich auf Euren Besuch. Habe nämlich erhebliche Schwierigkeiten, trotz neu erstandenem Bohrhammer, Löcher in die Stahlbetondecke zu bohren. Es fehlt dann doch an Muckis. ☺

Die süßen Kleinen wachsen, Scarlett bekommt einen richtigen Schwanz und mir geht es auch besser, obwohl immer noch nicht identifiziert ist, was ich eigentlich habe …

12-07-2004

Das ist doch völliger Quatsch, dass Naturbruten nicht zahm werden. Sorry. Aber wer hat Dir das denn erzählt? Ich kenne einen Händler von Papageien, der früher, als es noch keine Nachzuchten gab – er ist seit ewigen Jahren im Geschäft –, Wildfänge importierte und zähmte, bevor er sie weiterverkaufte.

Wenn man Wildfänge zahm bekommt, die bereits richtig schlechte Erfahrung mit Menschen gemacht haben, dann sicherlich auch Naturbruten. Außerdem gibt es ja auch viele Halter, die Wellis, Nymphen etc. haben. Dies sind in der Regel Naturbruten und werden zudem noch oft im Schwarm gehalten. Auch diese Halter schaffen es, ihre Tiere – falls gewünscht – zu zähmen. Auch meine Scarlett ist eine Naturbrut und zahmer als so manche Handaufzucht.

Aua … mir ist gerade meine Kinnlade auf dem Tisch aufgeschlagen. Du versuchst uns ernsthaft glauben zu machen, dass ein Wärmeschrank mit einem Geschwistertier für das Küken das Gleiche ist, wie bei den Eltern zu bleiben und von ihnen aufgezogen zu werden????????????
Um es sehr umgangssprachlich auf den Punkt zu bringen: Für wie blöde hältst Du uns eigentlich?????

Der Egoismus der Menschen lässt sich eben durch die Fortschritte in der Verhaltensforschung nicht bremsen.

14-07-2004
Wegwerfgesellschaft.
Alles muss einfach sein und schnell gehen. Was nicht auf Anhieb problemlos funktioniert, wird weggeschmissen.

Schau Dir bloß mal die Scheidungsraten an. Wir leben in einer Gesellschaft der schnellen Befriedigungen. Dies gilt leider auch für die Papageienhaltung.

24-07-2004

Kleines Update aus dem Papa-Paradies:
Berry hat einc ganz fiese Entzündung an der Schwanzwurzel. Nach täglichen Besuchen der Tierärztin (Nachbarin – eine Straße weiter und um die Ecke – sie hat mittlerweile einen Hausschlüssel – leider ist sie keine Papa-Expertin, aber bei Hunden ist sie fit) sind wir immer noch nicht weiter. Wenn es bis Sonntagabend nicht weg ist, muss Berry unters Messer, die Arme.
Als ich vorgestern Abend nach Hause kam, stand ein Riesenanhänger mit frischen Ästen vor meiner Tür. Mein Nachbar hatte in seinem Garten gewütet – alles ungespritzt. Ich durfte mir aussuchen, was ich haben wollte, der Rest wurde am nächsten Tag abgeholt.
Habe ich tolle Nachbarn, oder was?
Die Aras und Kakadus sind ja bekanntermaßen rechte Wasserratten. Die Grauen tun sich da schon schwerer. Hector duscht gerne, aber sehr ernsthaft. Wenn ich morgens unter der Dusche stehe, sitzt er auf der Fensterbank der Dusche und lässt sich vom Spritzwasser einnebeln.
Ist der gewünschte Feuchtigkeitsgrad in seinen Federn dann erreicht, hebt er den Fuß. Das ist das Kommando an mich, ihm meine Hand darzubieten. An der krabbelt er ganz schnell hoch und setzt sich auf meine Schulter direkt unter

den Duschstrahl. Dabei bleibt er ganz, ganz ernst sitzen und regt sich kaum. Ab und zu wird ein bisschen geflufft, damit das Wasser besseren Zugang findet, aber das war‘s.
Danach ist er immer so nass, dass man ihn auswringen kann. Getobt wird anschließend – zum Trockenwerden. Er schleudert sich selbst trocken, sozusagen. ☺
Lily und Pablo sind nicht so die Riesenduscher. Wenn es regnet – bei offenen Oberlichtern – oder wenn ich mit Berieselungsanlage oder Wasserschlauch agiere, drehen sie zwar immer wieder ihre Runden, aber so richtig nass werden sie dabei nicht.
Aber geheime Beobachtungen meinerseits haben jetzt ergeben, dass Lily und Pablo, allerdings nur wenn niemand zuschaut oder sie es nicht merken ☺, völlig ausgelassen in den Wasserschalen herumspringen. Ob sie dabei nass werden??? Ohhh, ja.
… und ein neues Liebespaar haben wir … Nachdem Lily Hector untreu wurde und sich auch mit Pablo vergnügte (wer sagte noch gleich, dass Papageien sich fürs Leben verpaaren?), also sozusagen zweigleisig fuhr (beziehungsweise fährt), beschloss Hector, „das kann ich auch“. Aber als Star, der er ist, hat er sich nicht etwa mit einem Mädel aus dem gleichen Stall vergnügt, schließlich wäre Flores jetzt auch wieder zu haben. Nein, eine Exotin von einem anderen Kontinent musste es sein.
Stellt Euch vor, wie verblüfft und erstaunt ich war, als ich spät gestern Abend einen Blick ins Vogelzimmer warf … Eigentlich wollte ich Hector abholen, der nach wie vor am liebsten in seiner Transportbox nächtigt, und Lily, die im

neuen Heim das Buchregal über dem Bett als Schlafplatz der Wahl identifizierte. Wer saß jedoch auf dem dicken Ast vor dem Badezimmerfenster eng aneinander gekuschelt und in gegenseitige Federpflege vertieft? Hector und – man glaubt es kaum – Tina!!! Meine Kinnlade konnte man drei Straßen weiter noch aufschlagen hören.
Und ist Hector etwa zu mir gekommen, wie er es sonst immer macht? Nooo way! Er hat sich demonstrativ umgedreht und mir den eiskalten Rücken gezeigt. ☺ Das gibt emotionale Narben!!! ☺
Und heute Morgen, als ich im Tropenhaus Tina ein bisschen kuschelte, flog er sofort auf den Ast über uns und begutachtete das Geschehen äußerst misstrauisch. Na, da bin ich ja mal gespannt, wie das weitergeht …
Gleich bekommen wir Besuch …
Habe gerade eingekauft. Ich werde kochen – aber Ihr wolltet ja nicht … <ätsch> ☺ ☺ ☺

Timmy war‘s wurscht. Er saß schräg unter Hector und Tina und guckte noch nicht einmal. Dabei schlafen die beiden sonst eng zusammen.
Beweismaterial, huh? Wusste ich doch, dass irgendwer wieder nach Bildern schreien würde. <seufz> Weißt Du, wie schwer es ist, sowas zu erwischen? Außerdem müsste ich in einem dunklen Raum ein Blitzlicht verwenden. Damit würde ich eine ganz schöne Panik auslösen. Das möchte ich den Tieren nicht antun. Mal schaun, ob sich das weiterentwickelt

oder ob das ein einmaliger Ausrutscher war, frei nach dem Motto „Bei Nacht sind alle Papas grau“.
Die Befürchtung, dass eine solche Beobachtung missbraucht werden könnte, ging mir auch durch den Kopf. Allerdings ist es auch ein ganz guter Beweis dafür, wie durchgeknallt Handaufzuchten sein können.
Zum Essen gibt es frische Pasta mit Cocktailtomaten, Mozarella, Basilikum und Trüffelöl. Dazu grüner Salat mit verschiedenem Obst und gerösteten Pinienkernen in einer Balsamico-Senfsoße. Dessert-technisch haben wir allerdings ein Problem, da ich zwar daran gedacht habe Schlagsahne zu kaufen, aber das „Darunter“ vergessen habe. Hier muss improvisiert werden … vermutlich wird es ein Caramel-Iced-Latte-Macchiato werden. Mit löslichem Kaffee. Mehr gibt mein Kühlschrank auf Anhieb nicht her. ☺

Bin ICH „irgendwer“? <heul>

27-07-2004
Hallo Rebecca!
Vielen Dank für die tollen Bilder! Die Vögel sehen klasse aus! … und ich werde mir für die nächste Foto-Session was Anständiges anziehen, Make-up drauf tun und mich vielleicht sogar mal gerade hinstellen. <seufz>
Interessanterweise hat Scarlett, die Naturbrut, noch nie jemanden gebissen. Alle anderen schon.

29-07-2004
Die Aras sind gar nicht so groß. Sie schrumpfen!!!!!! Echt.

Danke fürs Lob. Find ich zwar nicht, aber trotzdem Danke! Die Vögel sehen mich unter der Woche nur „bunt angemalt“. Die erschreckt gar nix.

Eine Frau kann nie zu dünn, zu schön, oder zu reich sein … oder wie war das noch???

Zumindest kann ich Dir mit Sicherheit bestätigen, dass Lily zu gerne mal Mascara ausprobieren würde … wenn sie doch nur die verflixte Tube aufbekommen könnte.
Auch Puder und Lidschatten würde Lily auf ihrem Beutezug durch die Make-up-Schublade nicht verschmähen … wenn da nicht die böse Federlose wäre, die immer schimpft und es sofort verbietet. ☺

Schon wieder Ferien??? Boa … hast Du es gut.
Du bist jederzeit willkommen. Sag einfach, wann Du kommen möchtest. Natürlich am Besten am Wochenende,

da ich armes Wesen ja im Schweiße meines Angesichtes schuften muss …

Die Aras sind fast dreimal so groß wie die Grauen. Beide Aras wiegen ja circa 1300 Gramm, die Grauen im Schnitt knapp unter 500 Gramm. Von der Länge her, mit Federn, gibt es auch einen guten Unterschied, wenn man sie nebeneinander sieht.
Die Kakadus hingegen sind nur Fluff. Sehen mit den Federn riesig aus, aber darunter stecken winzige kleine Körper.

Meint Ihr es gibt einen Markt für Kinder-Vogel-Sommercamps? Statt Ferien auf dem Bauernhof.
Also ich dachte an so maximal vier Kids. Sie müssen ja noch ins Auto passen, oder man müsste sich einen Kleinbus mieten. Sie sollten im Alter zwischen 12 und 15 Jahre sein. So könnten sie ein bis zwei Wochen lernen, mit Vögeln umzugehen, sie zu trainieren, zu ernähren, Notfälle zu behandeln, usw. Nebenbei noch Ausflüge in das Umland, Zoo usw. …

Häh? Anti-feministisch? Wen meinste denn damit? Im Gegensatz zu Frau Schwarzer glaube ich nicht, dass ich mich so hässlich wie möglich machen muss, um Feministin

zu sein. Feminismus ist, wenn ich Frau sein darf, aber trotzdem gleichviel wert bin wie jeder Mann – oder vorzugsweise mehr. ☺
Konkret bedeutet dies, von keinem Mann abhängig zu sein. Gleiches Geld für die gleiche Arbeit zu erhalten und mir meinen Beruf geschlechtsunabhängig wählen zu dürfen. All dies habe ich gemacht.
Feminismus ist für mich nicht, wie es leider sehr häufig praktiziert wird, dass ich so tun muss, als ob ich ein Mann sei. Wenn man mich zuerst von der Titanic lässt, dann nehme ich das dankend an. Ich habe auch noch nie einen Mann geohrfeigt, weil er mir die Tür aufgehalten hat (eher das Gegenteil ☺).

30-07-2004
… dann steige ich mal wieder von meiner Seifenkiste runter <verlegen-grins> …

Wegen Übernachtung: Alle Jungs in Schlafsäcken in einen Raum, alle Mädels in den anderen unter meiner Aufsicht. ☺

04-08-2004
Es kann sein, dass Großpapageien sich fürs Leben verpaaren. Aber im Herzen sind sie alles kleine Flittchen und Playboys. Davon bin ich mittlerweile überzeugt, wenn ich mir

meinen Papageienpuff so ansehe. Da wird gerne über die Beziehungsgrenzen hinaus geflirtet und geschmust. ☺

10-08-2004

Wenn ich abends nach Hause komme, öffne ich die Tür zwischen Wohnraum und Tropenhaus. Nach und nach kommen alle meine Geier angeflattert und verteilen sich auf die diversen geplanten und ungeplanten Sitzgelegenheiten im Wohnraum, holen sich Streicheleinheiten oder Leckerbissen ab.
So auch gestern. Die Agas (Pornis ☺), die wie immer auf der Suche nach einem gemütlichen Nest sind, waren natürlich mit von der Partie. So wurden Körbe und Ecken von ihnen erkundet und ausgetestet, unter anderem auch der Kamin, der in der Ecke zwischen Küche und Wohnzimmer links neben der Gartentür steht.
Er ist noch recht unfertig, da der dazugehörige Kachelofen noch nicht aufgebaut oder gar angeschlossen ist. Deswegen ist auch das Anschlussrohr, das sich auf „luftiger" Höhe von fast drei Metern befindet noch offen … oder in Aga-Sprache … zugänglich und somit ein (fast) idealer Nistplatz.
Ich blickte noch kritisch hoch und dachte mir, „hmmmm, ob sie in das Rohr reinfallen könnten?" und plante, sobald sie dort weg waren, das Loch zuzukleben. Wegscheuchen ging schlecht, da sie das eventuell genau in das Rohr hineintreiben könnte. Also dachte ich mir, „Erst einmal Futter ins Tropenhaus bringen. Da kommen sie garantiert alle rübergeflogen weil sie abends ihre Nüsse bekommen." Brav kamen dann auch alle Geier zu den Futterstellen geeilt …

nur natürlich, wie sollte es anders sein, die Agas nicht. Also zurück in den Wohnraum und Zwischentür zu, damit die anderen nicht wieder ausbüchsten, denn anschließend musste ich noch mit den Hunden raus.
Jazz saß immer noch oben im Loch, aber wo war Aladdinchen? Ein suchender Blick durch den Wohnraum. Mir mir schwante schon Schlimmes. Dann sah ich Jazz seinen Kopf zwischen Rohröffnung und Verkleidung stecken und reinschlüpfen, sodass nur noch das Ende vom Schwänzchen rausschaute.
Und dann, mit sinkendem Gefühl in der Magengegend, sah ich, wie er ganz reinschlüpfte und hörte, wie er hinter der Verkleidung die ganze lange Strecke zu Boden fiel. Mir stockte der Atem.
Doch dann hörte ich was. Es raschelte hinter der Verkleidung. Das Geraschel zweier Vögel? Und dann – Gezwitscher – definitiv von zwei Vögeln – hinter der Wand. Au weia. Na wenigstens wusste ich jetzt, wo Aladdine steckt. <mit den Augen roll>
Geschwind die Wartungsöffnung aufgeschraubt, damit sie rauskonnten. Aber, da war nichts zu sehen. Sie waren nicht im Rohr gelandet, sondern dahinter, zwischen Rohr und Verschalung. Panik – wie sollte ich sie nur da wieder rausbekommen? Zum Hochfliegen war es dort viel zu eng. Außerdem war es sicherlich entsetzlich staubig dort. Ob sie genug Luft kriegten? Meine Güte, wie konnte ich nur die Rigips-Wand aufkriegen? Einen Meißel besitze ich nicht.
Also zum Nachbarn gelaufen. Mit Meißel und Stemmeisen bewaffnet und um drei Personen plus Kind verstärkt, wieder

zurück. Beratschlagt. Entschieden, die Sockelleiste unten rechts zu entfernen.
Hämmer, hämmer, meißel, meißel, brech und, ja, die Fliese ist ab. Dahinter ein Loch, das wir auf ungefähr fünf mal zehn Zentimeter vergrößerten. Und was sehen wir? Jazz' Schnabel, und dann den Kopf, der neugierig rausschaute. Wir also alle ein paar Schritte zurückgegangen, damit er sich nicht bedrängt fühlt. Und sofort krabbelte er raus und flog laut zwitschernd los. Phew – einer geschafft.
Aber von Aladdine war immer noch nichts zu sehen. Auf das Zwitschern hatte sie einmal kurz geantwortet. Dann Stille. Was nun? Also hochgeflitzt, ein Make-up-Kompakt aus dem Bad geholt und den Spiegel abgerissen. Mit dem kleinen Spiegel und einem Klemmspot versucht, Aladdine ausfindig zu machen. Und siehe da, sie saß hinter der Verkleidung, ein wenig erhöht auf einem Plastikrohr.
Wir alle waren der Meinung, dass dort Platz genug war für sie, um zum Loch zu hopsen. Aber sie rührte sich nicht. Selbst auf Klopfen keine Regung. Vermutlich war sie völlig geschockt. Also was nun? Wir beschlossen, ihr etwas Zeit zu geben, damit sie sich wieder ein wenig beruhigen konnte. Jazz würde sie sicherlich rufen oder sie sogar abholen. Dann könnte sie alleine dort rauskrabbeln. Also erst einmal mit den Hunden spazieren gehen. Wenn Aladdine nach dem Spaziergang immer noch im Kamin steckte, sollte ich meine Nachbarn nochmal holen.
So richtig Spaß gemacht hat der Spaziergang nicht, aber ich zwang mich, eine Stunde wegzubleiben, damit Aladdinchen eine wirkliche Chance bekäme, sich auszusortieren. Doch

auch nach dieser Zeit war Aladdine bei meiner Rückkehr immer noch im Kamin.
Also nochmals zu den Nachbarn, wir wieder zu mir, beratschlagt. Beschlossen, dass ich zuerst versuchen würde, mit der Hand von hinten an das Rohr zu kommen, um Aladdine von hinten zur Öffnung zu führen. Meine Güte, dafür braucht man die „englische Krankheit". Zum Schluss lagen wir zu dritt am Boden. Ich mit Arm im Loch, die Freundin des Nachbarn mit dem Spiegel mich dirigierend, und er mit der Lampe. So geführt, habe ich Aladdine auch berühren können. Nur, statt zur Öffnung zu hopsen wie geplant, hat sie sich so erschreckt, dass sie weggeflattert ist.
… aber wohin? Hoch ging ja nicht, dafür war es zu eng.
Mittlerweile hatte Jack im Tropenhaus angefangen „Opern" zu singen, sodass man nur schlecht hören konnte, was im Kamin passierte. <stöhn>
Kurz beratschlagt und beschlossen, die zweite Sockelfliese zu entfernen. Nur, die war so festzementiert, dass wir sie nicht abbekamen. Also beschlossen wir, die erste Öffnung so zu vergrößern, sodass wir gut reinblicken konnten. Oh Mannomann, diese Wand war schon ein ganzes Stück härter. Aber mein Nachbar hämmerte unverdrossen abwechselnd mit Schraubenzieher und Meißel weiter, bis das Loch auf gut 15 Zentimeter Höhe vergrößert war. Gespannt schauten wir mit dem Klemmspot rein … und sahen … nichts … <heul> Aber sie konnte nur nach links gehüpft sein, da rechts die Wand war.
Also etwas höher, über den Rohren, damit wir sie durch das Gehämmer nicht auch noch nach oben trieben, noch ein

Loch in die Verkleidung gemeißelt. Während mein Nachbar meißelte, saßen seine Freundin und ich auf dem Sofa und knabberten an den Fingernägeln. Die Spannung war unerträglich. Wo steckte Aladdine?

Endlich hatte er es geschafft, auch dort ein größeres Stück der Wand rauszuhauen. Wir blickten gespannt in das Loch und – juchuhhhh – in der Tat saß Aladdinchen unten drin und schaute uns aus großen Knopfaugen an. Aber sie bewegte sich nicht.

Dort bleiben konnte sie nicht. Es war staubig und dreckig. Sie hatte noch nicht gefressen, und außerdem konnte sie verletzt sein. Darüberhinaus war das Loch unmittelbar an der Hundeklappe. Was wäre, wenn sie nachts rauskrabbeln würde und die Hunde würden sie sehen? Ohne Aufsicht war mir das viel zu riskant. Und am nächsten Tag würden Handwerker da sein. Da durfte sie nicht frei fliegen. Was wäre, wenn jemand mit den Türen unvorsichtig wäre?

Warum kam sie nur nicht aus dem Loch? Also beschlossen wir, vorsichtig eine flache lange Aluleiste in das Loch zu führen und sie damit zu der Öffnung zu treiben. Aber es war eng dort, und man konnte schlecht manövrieren, sodass Aladdinchen hinter das Rohr schlüpfte. Das durfte doch nicht wahr sein!!!!

Was nun? Hey, die Wand war schon so zertrümmert, da machte ein weiteres Loch auch nichts aus. Diesmal von hinten. <seufz> Doch nach den ersten Hammerschlägen, noch bevor wir von hinten durch die Wand brachen, hüpfte Aladdine nach vorne links. Anlass, es nochmal mit der Alu-Leiste zu probieren. Diesmal klappte es wie am Schnürchen.

Sie hopste von links nach rechts auf das Rohr. Ich griff mit der Hand in die obere Öffnung und führte sie in Richtung untere Öffnung. Ein Schritt und sie war frei!!!
Ihr könnt Euch nicht vorstellen, wie wir gejubelt haben. Mittlerweile war es auch schon 23:30 Uhr und wir waren echt erledigt. Stundenlang hatten wir gebangt und Löcher in die Wände gehauen.
Aladdinchen schien in Ordnung zu sein, abgesehen von einer Schramme an der rechten Schnabelhaut. Sie flog und war fidel. Also killten wir überall das Licht, öffneten die Tür zum Tropenhaus und schalteten dort eine Lampe ein – als „Führungslicht“ sozusagen. In Null-Komma-nix flogen Jazz und Aladdinchen ins Tropenhaus zu ihrer wohlverdienten Nachtruhe.
Und wir? Nun wir haben erst einmal sorgfältig alle alten und neuen Löcher mit Papier und Kreppband zugeklebt. Dort wird kein Porni mehr nisten können!!! ☺ ☺ ☺

Ach, Du konntest Dir ein Lachen nicht verkneifen? Völlig klar … wer den Schaden hat, braucht für den Spott nicht zu sorgen. Wie gut, dass ich solch treusorgende Freunde wie Euch habe. ☺ ☺ ☺

Ja, meine Nachbarn sind echt klasse – Glück gehabt.
Ich soll meinen Agas den Bruttrieb abklickern??? Ob das artgerecht wäre … ☺

Tja, die Sache ist die, dass ich ihnen gar keine Brutgelegenheiten anbieten möchte. Im Endeffekt habe ich die Öffnungen zugeklebt. Das ist schneller und genauso stressfrei wie trainieren. ☺
Wegen des allgemeinen Gelächters … für Außenstehende ist das vielleicht irrsinnig komisch. Aber Ihr könnt mir glauben, mir war alles andere als nach Lachen zumute.

11-08-2004
Das habe ich auch bemerkt. Aras sind wirkliche Zungentiere. Sie testen alles mit ihren Zungen aus.
Jack liebt es, seine Riesenzunge in Nasenlöcher zu stopfen. Natürlich nur bei denen, die er wirklich liebt, dann aber auch bis zum Anschlag ganz nach oben. <schnief-grins>
Besucher kommen in den Genuss, seine Zunge aus ihrem Ohr wieder herausziehen zu dürfen … ☺
Die Haut lecken tut er eigentlich nicht, aber er tastet sie mit der Zunge ab.
Scarlett lasse ich noch nicht so ungeniert mit meinem Gesicht umgehen. Dafür habe ich sie noch nicht lang genug. Das Vertrauen ist einfach noch nicht da. Sie liebt es allerdings auch, meine Finger zu benuckeln.
Das habe ich schon mit einigen Aras erlebt. Das kann man zwar keinem empfehlen, aber selbst schwierige Aras lassen sich irre gerne ihre Zunge streicheln. Viel mehr als so manch andere Papageinart, die ich kenne.

12-08-2004

Oh ja, das Drama mit den Futterstellen habe ich auch! <lach> Warum soll es Dir also besser gehen als mir????
Derzeit habe ich selbstgeschraubte Holzrahmen an die Wände montiert. In die hänge ich Stahlwannen (Küchenzubehör Metro), die ich mit etwas Wasser fülle. Dort hinein werden die Näpfe gestellt. Das hat den Vorteil, das herausfallendes Obst nicht anpappt. Allerdings habe ich Bodenabflüsse, sodass ich die Wannen einfach umschütten kann. Hätte ich die nicht, würde ich sie nicht mit Wasser füllen, da man sie so ohne zu Kleckern unmöglich tragen kann.
Dieses System funktioniert sehr gut, außer dass einer der Holzrahmen schon ziemlich durchgeknabbert ist. Nach hin- und herüberlegen mit Kollegen ... ja wir sind im Sommerloch ... werde ich jetzt folgendes machen:
Stahlwannen an den vier Ecken oben anbohren. An die Wand je zwei niedrige Haken für die Seite, die direkt an der Wand liegt. Oben zwei Haken mit Kette, an die die in den Raum ragende Seite eingehängt wird. Dadurch spare ich die Holzkonstruktion, die sehr zerkaubar ist und außerdem so schnell verdreckt, dass es unhygienisch ist.
Ich will ja, dass der Müll auf den Boden fällt, dort ist er am einfachsten zu beseitigen.

Diese Stahlwannen gibt es auch bei Ikea. Du brauchst also gar keinen Metro-Ausweis. Ohne sie ausgemessen zu haben würde ich sagen sie sind ungefähr 40 mal 60 Zentimeter.

Ich habe auch schon gelesen, dass manche Leute solche Gitterkörbe nehmen. Das ist mir nicht geheuer. Die sind „billig“ verchromt und darunter findet man dann eventuell Zink, wenn das abblättert … wenn die Vögel nicht sowieso schon die abblätternde Farbe fressen. Neee, da ist mir Edelstahl sicherer. Außerdem – am Gitterzeug pappt alles auch ganz schön fest. Eine Wanne ist m.E. besser sauberzukriegen.

m.E. heißt meines Erachtens. Das ist so eine Abkürzung, die wir im Büro verwenden. So wie i.d.R. (in der Regel) oder ROTFLMAO (Rolling On The Floor Laughing My Ass Off) – ummm … letzteres verwenden wir im Büro eher nicht. ☺

Ich habe echt schon alles Mögliche ausprobiert. Als Futterschüsseln verwende ich derzeit schwere Keramikschüsseln ohne überstehenden Rand, an dem Ara-Schnabel sich festhalten könnten.
Die Metallschüsseln sind von den Aras Spazieren getragen worden. Es scheppert ja auch so schön, wenn man sie zu Boden donnert. Übertöpfe haben zunächst toll funktioniert, weil richtig schwer und ohne Rand flutscht der Ara-Schnabel beim Hochheben auch schön ab, aber sie erwiesen sich als nicht spülmaschinenfest. Mit der Zeit platzte die Lasur ab.
Dann habe ich, wie immer im Ikea ☺, große weiße Keramikschüsseln mit einem Durchmesser von ungefähr 20

Zentimetern gefunden, die a) nicht so teuer, b) spülmaschinenfest, c) randlos und d) schwer genug sind, dass Geiers sie nicht hochheben können. Damit bin ich sehr zufrieden, da man sich das mühsame beziehungsweise aufwendige Festmachen bei jedem Futterwechsel spart.

13-08-2004

Aladdinchen geht es wieder prächtig. Danke.
Warum ich keine Brutgelegenheiten anbringen möchte? Nun ja, ich möchte eigentlich nicht noch mehr Tiere zu einem Leben in Gefangenschaft verurteilen. Es gibt schon genug davon.
Außerdem „durften" die Agaporniden letztes Jahr brüten, weil ich zu spät bemerkte, dass sie einen Schuhkarton annektiert hatten. Sie waren erfolglos. Anschließend hat Aladdinchen über ein halbes Jahr nonstop Eier gelegt oder gebrütet. Es war extrem schwierig, endlich einen Zeitpunkt zu erwischen, zu dem ich den Kasten entfernen konnte, ohne Gefahr zu laufen, dass bebrütete Eier drin waren.

Die „sordide Tat" wird ihnen ja nicht verboten. ☺ Abkochen birgt ein bakterielles Risiko, denn selbst abgekochte Eier sind nicht so lange haltbar. Austauschen – die sind nicht blöd, wenn nix schlüpft, legen sie nach. Außerdem weißt Du nie, ob ein ausgetauschtes Ei nicht schon angebrütet war. Glaubst Du wirklich, es ist weniger frustrierend für das Tier, 30 Tage auf Eiern zu sitzen, aus denen nichts schlüpft??? Ich meine „nein“.

Beim ersten Gelege ist eines geschlüpft (da war ich aber verreist), das gestorben ist. Bei einem der zahllosen Eier zwischendrin war eines dabei, bei dem das Küken geschlüpft ist, dass aber aus dem Nest fiel und tot war, ehe ich es fand. Alle anderen Eier waren unbefruchtet und sind von den Eltern aus dem Nest geschmissen worden.

Doch, man kann es unterbinden. Indem man eben keine Brutgelegenheiten anbietet. Alles andere, also kärgeres Nahrungsangebot, Lichtreduzierung etc., lässt sich in der Schwarmhaltung schlecht durchführen. Bisher funktioniert es aber auch so.

Ich muss Euch noch was ganz Bizarres berichten.
Am Wochenende war ich auf einem Tiertelepathie-Seminar von Amelia Kinkade (www.ameliakinkade.com für die von Euch, die es interessiert). Beim letzten Seminar hatte ich Jack dabei, der in einer vegetarischen Zeitschrift in einem Artikel über Amelia übrigens mit dickem Bild abgebildet ist (Ich sitze im Hintergrund ☺).

Wie dem auch sei, am Sonntag hatte ich Timmy mit dabei, der ja das eine oder andere „Thema“ hat, und ich hoffte, dass man ihm vielleicht so helfen könnte.
Er machte am Anfang ziemlich viel Theater bis Amelia uns darum bat, ihm die Nachricht zu senden, dass er als Lehrer hier sei, um uns alle zu unterrichten. Daraufhin wurde er erstaunlich schnell ruhig. Wir machten also unser Ding und stellten ihm Fragen. Die Antworten waren wirklich erstaunlich, denn zu vielen kannte ich ja die richtige Antwort.
Und irgendwann meldete sich eine Frau zu Wort, die fragte, wie sich denn so ein Papageienbiss anfühlt. Mangel an Fantasie, wenn Ihr mich fragt. Man schaue sich nur seinen Schnabel mal an.
Leider nahm Timmy seine Rolle als Lehrer etwas zu wörtlich. Denn in der Mittagspause flog er diese Frau auf einmal an und hat sie derartig in den Arm gebissen, dass selbst mir Hören und Sehen verging. Er hat sie aus 65 Leuten ausgesucht! Fast schon unheimlich, oder?

Warum sollen Tiere und Menschen nicht im Geiste kommunizieren können? Das klappt und ist auch gar nicht schwer. Ich habe es schon oft genug gemacht und Informationen bekommen, die ich nicht wissen konnte (fragt mal Doris ☺).
Was ich nur so irre fand, dass er aus den 65 Leuten genau die Frau aussuchte, die wissen wollte, wie ein Biss sich anfühlt, und die dann auch noch gebissen hat. Selbst sie, die ja wirklich Schmerzen hatte, die Ärmste, fand es irre.

24-08-2004

Och, da gibt es viele Beispiele.

Eines, das ich besonders beeindruckend fand, geschah bei dem vorherigen Seminar, an dem ich mit Jack teilnahm.

Unter anderem wurde eine Schildkröte, der es nicht gut ging, vorgestellt. Bei der Frage, was ihr fehlt, flog Jack auf einmal in einem Riesenkreis los, landete an den Fenstersprossen und fing an, mit dem Kopf gegen das Glas zu schlagen. Zum gleichen Zeitpunkt „sahen" die Teilnehmer im Geiste „Bilder" wie die Schildkröte ihren Kopf gegen Glas schlug.

Bei der Befragung des Besitzers stellte sich heraus, dass die Schildkröte in einem viel zu kleinen Glas-Aquarium gehalten wurde und immer mit dem Kopf gegen das Glas schlug. Schrecklich, oder?

Amelia erzählte, dass sie diese Geschichte jetzt immer bei ihren Seminaren (auch letztes Wochenende) erzählt, als Anschauung, dass Tiere auch gut helfen können, um mit anderen Tieren zu kommunizieren.

Wenn Dich diese Thematik interessiert, kann ich Dir Rupert Sheldrake (Autor) und seine Arbeit über morphische Felder empfehlen.

Timmy als Lehrer musste nur mit sich „reden" lassen (und still sein … ☺). Es ist toll, was die Leute für Infos bekamen. Sie haben seine Lieblingsplätze beschrieben, sogar die rote Decke, mit der ich ihn letztens griff, als er und Tina sich fetzten. Das war seine Antwort auf die Frage, was er nicht mag. <lach>

<lach> Dann musst Du Dich aber beeilen mit Deinen Fragen. Denn mit Tieren, die ich kenne, geht das nicht so gut. Ich glaube, weil man zu sehr involviert ist, und außerdem kommt einem das Hirn mit allem, was man weiß, in den Weg. Max ist mir übrigens gestern zum ersten Mal zur Begrüßung auf die Schulter geflogen und anschließend noch ein paarmal. Und Lisa saß kurz auf meiner Hand. Vor den Hunden hat sie übrigens gar keine Angst, wenn sie auf dem Boden spazieren geht.

Oh, sorry. Ich dachte ich hätte Euch von ihnen erzählt. Max und Lisa sind zwei Graue und bis auf Weiteres in Pflege bei mir. Bis zum Jahresende wissen wir mehr.
Sie leben eher neben- als miteinander. Lisa, die flugunfähig ist, weil ihr einseitig die Schwungfedern abgebrochen sind, und Flores (einseitig gestutzt) habe ich zusammen in einen langen, aber sehr flachen Käfig gesetzt – mit gutem Erfolg. Der Käfig muss deshalb so flach sein, damit sie sich aufgrund ihrer Flugunfähigkeit nicht verletzen können. Sie sind beide lieb und ruhig und mobben sich nicht gegenseitig. Ich habe den Eindruck, die Gesellschaft tut ihnen gut.
Bei Flores sind mittlerweile drei Schwungfedern länger gewachsen als jede vorher. Hoffen wir, dass sie dieses Mal stehenbleiben und nicht abgebrochen oder abgebissen werden. Max fliegt mit allen anderen im Tropenhaus mit.

Die Website von Amelia habe ich Euch ja schon weiter oben gegeben. Dort stehen auch Seminartermine für sie in Deutschland drin. Als Nächstes ist sie, glaube ich, in Hamburg, soweit ich mich erinnern kann. Mich hatte damals eine Freundin drauf aufmerksam gemacht.

Du kannst Dein Tier nur mit Voranmeldung mit zu den Seminaren nehmen, wenn Du willst, dass es auch dran kommt. Und man soll Fotos mitbringen, auf denen man die Augen der Tiere sehen kann. Die werden gegenseitig analysiert. Das ist meines Erachtens fast noch spannender.
Ich würde Dir gerne mehr erzählen, bin aber gerade so unter Zeitdruck. Sorry. Bitte nicht böse sein. Vielleicht liest Du einfach mal das Buch und auf ihrer Website. Ich fand's gut, aber es ist recht „Hollywood" von der Aufmachung her. Aber wenn Du das ausklammerst und Dich auf das konzentrierst, was Du lernen kannst, ist es echt klasse. Sonst hätte ich es auch nicht wiederholt.

25-08-2004
Die Synchronizität des Universums. Wenn man anfängt, drauf zu achten, ist es wirklich verblüffend! Auch mit Menschen. Achtet mal darauf, wenn Ihr irgendwo in der Schlange steht und versucht, mit den Leuten ins Gespräch zu kommen. Sehr, sehr oft haben die genau die Information, die man gerade suchte.

29-08-2004

Gestern fing für Lisa der Ernst des Lebens an – in Form von Clicker, Targetstick und Erdnuss-Stückchen (geröstet und ungesalzen in Lebensmittelqualität!). Sie ist ja leider flugunfähig und extrem ängstlich. Dies ist insbesondere problematisch, da sie nicht auf die Hand kommt. Es ist also recht schwierig, sie an ihren Platz oder in ihren Käfig zu dirigieren, wenn sie auf Wanderschaft gegangen ist.
An die Hunde hat sie sich glücklicherweise mittlerweile völlig gewöhnt. Sie stören sie überhaupt nicht bei ihren Rundgängen. Ich bewache sie natürlich währenddessen. Ohne Aufsicht wäre es mir mit Papageien und Hunden viel zu heikel.
Also wurde gestern der Clicker konditioniert – sie nimmt Leckerlis aus den Fingerspitzen – und mit ersten Targetstick-Übungen begonnen. Es hat ein wenig gedauert, aber dann wusste sie, worum es geht. Leider ist sie durch ihre übergroße Angst schnell überfordert und macht dann gar nichts mehr. Also haben wir immer wieder In-den-Targetstick-beißen geübt, bis wir dann einen Schritt zur Seite geschafft haben. Heute haben wir noch zwei Lehrstunden gehabt. Zum Schluss der Stunde hat sie sich getraut, über meinen Finger zu steigen. Den hatte ich mit der Spitze auf den Ast gelegt, an dem ich sie rauf und runter dirigierte.
Dies habe ich als Alternative ausprobiert. Sie mit dem Targetstick auf meine Hand zu locken, war eine völlige Fehlanzeige. Wenn man nicht durch die Vordertür reinkommt, muss man es eben durch die Hintertür versuchen. Habe also Verschiedenes ausprobiert, und die Fingerspitze auf dem

Ast, war das, was dann schlussendlich funktionierte. Sie hat wirklich extreme Angst vor Händen, was eigentlich ein wenig seltsam ist, da sie Leckerlis aus den Fingern nimmt. Aber sie vermeidet alles, was sie in die Gefahr bringen könnte, angefasst zu werden.
Ihr zum Beispiel Leckerlis aus der offenen Hand zu geben, funktioniert ganz und gar nicht.
Wie dem auch sei, nachdem wir x-mal den Ast von links nach rechts und zurück gelaufen sind und sie stückchenweise dazu gekommen ist, über meine Fingerspitze zu steigen, hat sie tatsächlich im Eifer des Gefechtes ein paarmal aus Versehen meinen Finger mit ihrem Fuß berührt. Das hat ihr jedes Mal einen Jackpot eingebracht.
Mal schauen, wie es beim nächsten Mal weiter geht.

30-08-2004
Lisa ist eine Naturbrut.
Während ich dies schreibe, sitzt Scarlett, die ja auch eine Naturbrut ist, übrigens auf meinem Knie und Jack auf einer Schulter, und wir schnäbeln alle abwechselnd miteinander. Damit es nicht langweilig wird, versucht allerdings Jack, meinem Reißverschluss an der Jacke den Garaus zu machen, während Scarlett versucht, Jack seine Schwungfedern auszuzupfen. Das lohnt sich alles richtig – abwechselnd schimpfen also Jack und ich und bestärken den ganzen Quatsch auch noch. ☺

Nö, die sind stubenrein. Wenn ich allerdings nichts mit langen Ärmeln anhabe, sehe ich aus wie „durch den Dornenbusch gezogen“. ☺ Natürlich könnte ich ihnen die Krallen schleifen. Das mache ich allerdings nie mit Vögeln, die nicht fliegen können. Dementsprechend sehen meine Hände derzeit aus. Alternativ zum Krallen schleifen, könnte ich ihnen beibringen, nicht so fest zuzupacken mit den Krallen. Aber auch dies ist mit flugunfähigen Tieren schwer, da sie ja auf keinen Fall von ihren Sitzgelegenheiten herunterfallen sollen.
Wenn sich die Geier auf meiner Kleidung nicht gut festhalten können, fangen sie an zu kraxeln und halten sich dabei mit dem Schnabel fest. Das ruiniert die Kleidung und macht blaue Flecken. Auch nicht so gut.
Zusätzlich sind sie Weltmeister im Abmontieren von Reißverschlüssen, Knöpfen etc. und nagen auch am Kragen meines Strickpolos. <seufz> Auch das kann man ihnen abgewöhnen.
Ich habe aber in letzter Zeit einiges an Neuzugängen bekommen, sodass noch nicht alles sitzt. Aber bei meinen Altvögeln kann ich sogar in meinen Büroklamotten mit Ohrringen problemlos herumlaufen. Zum Üben mit den Neuen muss ich allerdings Gammelkram anziehen.

31-08-2004
Supi!
Sorry, bin grad so völlig im Stress. Demnächst stehe ich wieder mit Rat und Tat zur Verfügung.

4. Die Grünen

07-09-2004

Auf dem Heimweg am 30.08. erhielt ich einen Anruf von einer Dame, die wegen eines Todesfalls in ihrer Familie am vergangenen Freitag dringend ein neues Zuhause für mehrere Papageien suchte. Der Mann der Verstorbenen konnte sich um die Tiere nicht kümmern, da er selbst krank ist.
Das habe ich im „Vögel aus dem Tierschutzforum" gepostet.
Nur Lora, einen Rotbugarahahn, wollte keiner haben.
Also beschloss ich, dass er in meinem Schwarm noch mitfliegen kann – unter neuem Namen, er wird in Oscar umbenannt.
Am Sonntag habe ich ihn und die anderen Tiere zur Weitervermittlung abgeholt. Als ich in die Wohnung kam, schossen mir die Tränen in die Augen. Oscar saß in einem winzigen Messingkäfig, den er seit 15 Jahren nicht verlassen durfte. Darin waren drei Rundholzstangen befestigt, eine Metallglocke und ein Spiegel. Da war nichts zum Spielen, nichts zum Knabbern, kein Sonnenlicht, keine Abwechslung und erst recht kein Partner. In den Futternäpfen befand sich die allseits beliebte Supermarkt-Mischung, am Käfigboden Erdnüsse in der Schale und zwischen den Gitterstäben

beziehungsweise was davon übrig war, so wegkorrodiert war das Gitter, ein Stück Apfel.
Oscar war so in Panik, dass wir ihn mitsamt des Käfigs ins Auto packten, anstatt ihn in eine Transportbox umzusiedeln. Daran, dass der Käfig komplett ins Auto ging, könnt Ihr sehen, wie klein er war.
Zuhause angekommen, habe ich ihn in meiner Dusche auf die Bank vors geöffnete Fenster gestellt. Dabei war nur ein Stück des Käfigs vor dem Fenster und der Rest geschützt an der Wand. Nun, Oscar ist schier ausgerastet, er hat sich so gefreut über die Sonne und hing den ganzen Tag nur am Fenster und schaute raus.
Meine optische Untersuchung fiel übel aus. Schwarz verfärbte Federn, zwei Geschwulste im Gesicht, ein Nagel der komplett im Kreis und in den Fuß gewachsen ist. Alle Krallen natürlich viel zu lang – aber das ist das geringste Problem. Der Kopf ist von unzähligen Pin-Federn übersäht, an die er selbst nicht herankommt und die ihm sonst keiner geöffnet hat. Wie auch.
Heute Nachmittag habe ich ein paar Stunden frei genommen, um zum Tierarzt zu fahren. Bin gespannt, was die restlichen Untersuchungen ergeben werden. Aspergillose ist wahrscheinlich. Ich hoffe, er hat keine Zinkvergiftung durch den Käfig bekommen. Aufgrund der Federverfärbung ist es auch gut möglich, dass seine Leber beeinträchtigt ist.
Zahm ist Oscar nicht, wurde mir gesagt. Er hackt.
Fressen ist auch ein Problem. Er hat weder Sonntag noch gestern gefressen. Erst am Abend, als ich ihm Körnchen für Körnchen mit der Hand gab, hat er was aufgenommen. Ich

habe ihn dann nach vielen Versuchen dazu bekommen, auch Sonnenblumenkerne ohne Schale und ganz kleine Mandel und Erdnussstückchen zu nehmen. Obst und Gemüse spuckt er in hohem Bogen wieder aus. Eine Nachbarin war dann so lieb und hat im Supermarkt für mich die gewohnte Papageienmischung gekauft. Die werde ich zunächst, so sehr es mir auch widerstrebt, weiter anbieten müssen.
Nach vielen Versuchen – er merkte dann wohl, dass ich hartnäckiger bin als er – ließ er mich sein Füßchen streicheln. Von da an arbeitete ich mich hartnäckig weiter über Beinchen und Schnabel, bis er mich endlich an seinen Kopf heranließ. Das Aufpulen der ersten Pin-Feder hat ihn noch erschreckt. Aber dann hat er es so richtig genossen und bot mir recht bald sogar seine „erogenen“ Zonen dar – Öhrchen und die Kuhle unterm Schnabel. Hin und wieder erinnert er sich daran, dass das alles gar nicht sein darf und hackt kurz. Aber nach kurzer Zeit schmilzt er wieder dahin. Zum Schluss war das Hacken auch mehr Schau als ein ernsthafter Versuch, sich zu wehren. Ich hatte ihm vorher ein paarmal meinen angespannten Handrücken zum ausgiebigen Behacken angeboten. Das tut dann ja nicht weh, weil er ihn nicht fassen kann.
Gestern Morgen hat Oscar auch zum ersten Mal geduscht. Er steht ja nicht umsonst in der Dusche. ☺ Zuerst hat er sich völlig erschreckt. Aber recht bald fand er es gut und plusterte sich schön im Spritzwasser auf. Dann fing er an, sich zu putzen.
Ach, ich denke, das kriegen wir hin. Aber erst einmal muss er zum Tierarzt. Danach müssen wir ihn an das Leben

außerhalb des Käfigs und an andere Vögel gewöhnen. Eine Partnerin bekommt er natürlich auch. Im Moment krabbelt er jedoch trotz stundenlang geöffneter Käfigtür nicht aus dem Käfig. <seufz>

Danke für die vielen Glückwünsche.
Ob der Kakadu und der Blaustirnsittich eigentlich auch so traurig aufbewahrt waren? Leider ja. Der Kakadu war in einem Käfig gleicher Größe wie Oscars, und der Blaustirnsittich in einem etwas größeren „Hansi-Bubi“ Käfig.
Der Blaustirnsittich ist bis nächstes Wochenende bei mir. Dann soll er von seinen neuen Adoptiveltern abgeholt werden. Der Kakadu ist bereits in sein neues Heim umgezogen.
Mit Oscar war ich heute beim Tierarzt. Aspergillose, wie erwartet, Veränderungen im Gewebe und in den Knochen sind auf dem Röntgenbild zu erkennen. Tumore sind es (noch) nicht, aber man muss sie weiter beobachten. Die Hubbel im Gesicht könnten Warzen sein, aber in der Form hatte die Tierärztin sie noch nie gesehen. Schwer zu sagen, ob sie ansteckend sind.
Die eingewachsene Kralle hatte ich mit dem Fingernagel schon ganz gut freigepult. Sie wurde noch abgeschnitten – mit Kauterisiergerät zur Hand, falls es anfangen würde zu bluten – und muss jetzt regelmäßig geschliffen werden, damit sie nicht wieder einwächst. Proben fürs Labor wurden genommen. Jetzt heißt es weiter Quarantäne und abwarten.
Zurück im Haus, habe ich Oscar nicht wieder in den Käfig

gesetzt, sondern im Quarantäneraum freigelassen, und den Blaustirnsittich auch. Sie saßen dann beide oben auf den Käfigen. Dort habe ich dann auch die grässliche Körnermischung hingestellt, über die Oscar sogleich herfiel. Poldi war dann so übermütig, an seiner Schale zu naschen. Meine Güte, hat Oscar sich gegen ihn gewehrt. Auch wenn sie sich jahrelang von Käfig zu Käfig gesehen haben, sind sie scheinbar doch nicht so gut befreundet. Nun ja, so brauchen wir uns wenigstens kein schlechtes Gewissen zu machen, wenn wir sie trennen.
Auf dem Rückweg vom Tierarzt hat Oscar seine erste Weintraube gefressen – alles andere Obst- und Gemüseartige hat er bislang verschmäht. Und als Poldi ihn dann später noch eine Traube fressen sah, hat er sogleich auch eine genommen. Ansonsten hat Oscar mich vorhin zum ersten Mal unter seinen Flügel gelassen. Außerhalb des Käfigs ist er jedoch viel zurückhaltender mit dem Sich-anfassen-lassen.

Oscar wird ein Kuschelbolzen. Da bin ich mir ganz sicher. Aber seine Gesundheit ist schon bedenklich. Andererseits, was will man erwarten bei 15 Jahren einer solchen Haltung. Ich hoffe nur, dass er nichts Ansteckendes hat.

08-09-2004

Du wolltest wissen, ob es bei Papageien auch so ist, dass sie sich total in ihre Schwäche fallen lassen, wenn sie merken, dass sie gut versorgt werden. Nun, es ist schon so, dass sie merken und es schamlos ausnutzen, wenn man sie verhätschelt. Als mein Hectorchen sehr krank war, hat er sich zum Beispiel die Butterkekse – das Einzige, das er noch zu sich nahm – mit der Hand füttern lassen. Aber bitteschön bei jedem Biss einen frischen Butterkeks. Den Rest hat er verschmäht.

Aber es ging ihm wirklich schlecht. Die Tierärztin hatte mir gesagt, ich müsse mich darauf vorbereiten, dass er nicht durchkommt. Wenn also ein bisschen hätscheln ihm beim Sterben – oder besser noch beim Gesundwerden – hilft, dann soll es mir recht sein.

Was Du oben fragst, könnte aber auch was ganz anderes sein. Wenn man ein Tier in ein neues Zuhause bringt, ist das erst einmal, unabhängig davon, wieviel besser es ihm dort gehen würde, ein großer Stress. Dies kompromittiert das Immunsystem, sodass latent vorhandene Krankheiten zum Ausbruch kommen können.

Deswegen sollte man zusätzlich zu den Tierarzttests auch immer eine Quarantäne-Periode einhalten. Man kann nicht auf alles testen. Aber die Chancen sind recht gut, dass zwischen Tests und Quarantäne das meiste abgegriffen wird.

Es ist sicherlich der Horror eines jeden Papa-Besitzers, sich durch die Aufnahme zusätzlicher Tiere, sei es Notfällen oder auch reguläre Tiere vom Züchter, eine möglicherweise tödliche Krankheit in den Bestand zu holen. Man kann da einfach nicht vorsichtig genug sein.

Aspergillose der Atemwege ist nicht von Tier zu Tier ansteckend. Die Besitzerin war zwar alt und krank – aber wohl kaum 15 Jahre lang. Ich nehme an, sie wusste es einfach nicht besser.

Oscar hatte wirklich ein tristes Leben die letzten 15 Jahre. Aber ab jetzt wird alles anders!!
Was Hectorchen hatte? Er ist einer von den unsäglich mit der Hand schlecht aufgezogenen und auch noch schlimm gestutzten Tiere. Durch das Stutzen war er unfallanfällig, und sein Immunsystem war furchtbar schwach. Das ist leider bei Handaufzuchten häufig der Fall.
Hector hatte so ziemlich alles, was man sich vorstellen kann:

- abgebrochene Schnabelspitze
- Gerhirnerschütterung
- Aspergillose sowieso
- mehrfach eine aufgeplatzte Brust
- eingedrücktes Brustbein
- Luftsackriss
- Streptokokken-Infektion

Meine Tierärztin hat jetzt eine Yacht im Mittelmeer und fährt Porsche …
Irgendwie schwächelte Hector auch immer, so als ob er keine Lebenslust hätte. Nachdem er wieder fliegen konnte, hat sich sein Zustand schlagartig gebessert. Ein Sensibelchen ist er allerdings immer noch.

09-09-2004

Nachdem Oscar und Poldi gestern Nacht ganz eng zusamengekuschelt schliefen, haben seine zukünftige Adoptivmami und ich beschlossen, die beiden erst einmal zusammenzulassen. Sie haben schon genug durchgemacht. Allein in Quarantäne zu sitzen, muss man ihnen nicht auch noch antun.

Was mittelfristig geschieht, ist völlig offen. Eigentlich sollen sie artgerechte Partner bekommen. Aber wenn sie nach jahrelanger Käfignachbarschaft sehr aneinander hängen sollten, muss man schauen, wie man das am besten handhabt. Außerdem wird es unter Umständen nicht ganz einfach sein, passende Partner zu finden.

Ansonsten waren die letzten 24 Stunden eine Zeit mit vielen Beginnen. Wie ich schon schrieb, haben die beiden gekuschelt statt nur zu zanken. Aber wenn Poldi zu mir kommt – nur, um zu versuchen, ob er mich nicht doch zwicken kann –, wird Oscar agressiv und zankt heftig mit ihm.

Oscar ist heute zum ersten Mal geflogen – auf der Flucht vor dem Duschwasser. Es war zwar nur ein knapper Meter, und die Landung war auch stark verbesserungsfähig, aber immerhin.

Anschließend hat er zum ersten Mal auf meiner Hand gesessen, als ich ihn hochnahm und wieder auf den Käfig zurücksetzte. Er war auf dem Stuhl gelandet, den ich auf die Duschbank gestellt und an dem ich eine Lampe festgemacht hatte. Da ich nicht riskieren wollte, dass er, nass zudem, an der Lampe knabbert, konnte er da nicht sitzen bleiben.

Also habe ich ihn hochgenommen. Irgendwie hat er es nicht geschafft, sich an meinem Finger richtig zu halten.

Offensichtlich kennt er das nicht. Also hockte er einfach in meinen Händen. Nachdem ich ihn zurücksetzte, hat er sich auch brav duschen lassen.
Ich habe ihn dann noch einmal zum Üben in meinen Händen hochgenommen und ihn auch zum ersten Mal synchron unter beiden Flügeln gekrault. Dann ist er endlich zum ersten Mal auf ein paar – offensichtlich für ihn ssseehhhr gefährlich aussehende – Zweige geklettert, die ich gestern am Käfig von außen festgemacht habe, und hat geknabbert. <Juchuh!>
Jetzt kann ich also anfangen, nach und nach Spielzeug einzuführen, damit er sich ein wenig beschäftigen kann.
Wegen des Futters: Natürlich biete ich hartnäckig alles an, was meine anderen Geier auch bekommen. Es wird nur bislang von den beiden noch nicht angenommen. Aber darüber mache ich mir im Moment die wenigsten Sorgen. Wenn sie in den Schwarm kommen, werden sie recht schnell von den anderen abgucken, was gut ist. So haben es alle anderen bisher auch gemacht. Und nach 15 Jahren schlechter Essgewohnheiten machen drei zusätzliche Wochen kaum den großen Unterschied.

Pin-Federn ist ein Anglizismus. Pin steht für Nadel. Eine pin feather ist die ungeöffnete Feder in der Hülse, die eben aussieht wie eine Nadel.
Oscar pflegt ganz offensichtlich Poldis Federn, denn auch sein Kopf war übersät von Pin-Federn und ist jetzt gut in Schuss.

10-09-2004

Danke für die Blumen. Aber es sind die Vögel, die die Arbeit leisten. Ich finde es wahnsinnig, wie sie es schaffen, wieder Vertrauen zu fassen, über den eigenen Schatten zu springen und selbst unter schlimmsten Konditionen irgendwie den Willen finden, weiterzuleben.
Gestern Abend kam die Nichte vom Besitzer spontan vorbei, um Futterreste abzuliefern. Als ich ihr Oscar vorführte und wie schön er schmust, war sie ganz schön baff.

Das Schmusen gestern Abend wäre dann mit mir gewesen. <grins> Mal schauen, wie sich die Dinge weiterhin entwickeln. Wir werden dann tun, was für die beiden am Besten ist …

Heute Abend ist Oscar zum ersten Mal eine kleine Runde geflogen. Mit ihm übe ich auf die Hand gehen. Das sieht im Moment noch so aus, dass ich erst ein Füßchen, dann das andere vom Ast pflücke und auf die Hand setze. Aber ich bilde mir ein, dass er dabei etwas balancierter wird. Na, mal sehen.
Abgesehen davon, war Oscar heute sehr fleißig, denn Poldi hat am Kopf überhaupt keine Pin-Federn mehr. <freu>
Heute ist auch irgendwie ein Mutig-sein-Tag. Poldi habe ich heute zum ersten Mal an der Stirnbürste berühren

können – jaaaaaa … er lernt, dass mein Dickkopf dicker ist als seiner. ☺
Und Lisa, die ja auch höllische Angst vor Händen hat, ließ sich zum ersten Mal von mir am Kopf kraulen. Dies geschah zwar unter Zuhilfenahme vieler, vieler Erdnüsse – aber immerhin. Wenn man bedenkt, dass sie, als sie vor zwei Wochen hier ankam, völlig panisch schrie und flüchtete, wenn Hände in ihre Nähe kamen, ist das ein Riesenfortschritt. Das Annähern üben wir seit Tagen.
Im Moment fühle ich mich, was alle gefiederten „Kinderchen“ angeht, recht zuversichtlich.

Also ganz genau: Ich halte meine linke Hand und die rechte mit dem Leckerli so, dass sie den Kopf unter die linke Hand stecken muss, um ans Leckerli zu kommen. Dann berühre ich sie während sie das Leckerli bekommt. Nach und nach intensiviere ich dabei die Berührung, bis ein Kraulen daraus wird.
Ich gehe nicht auf den Vogel zu. Das ist bei einem derart panischen Vogel viel zu riskant. Man kann zu leicht die Komfort-Grenze überschreiten.
Stattdessen locke ich ihn zu mir. Das ist sicherer, denn er kommt näher, so wie er es verkraftet.
Pin-Federn: Wenn Du sie mal genau anschaust, siehst Du, dass sie aus einem eingetrockneten und einem durchbluteten Teil bestehen. Bei einem Kakadu schimmert der durchblutete Teil rosa durch. Das Abgetrocknete kannst

Du vorsichtig mit den Fingernägeln abfrickeln, indem Du es zusammendrückst und dann vorsichtig abpulst. Bist Du Dir nicht ganz sicher, dann kannst Du auch den Federschaft halten und vorne, wo die eigentliche Feder rauslugt, festhalten und hin und herwackeln. Der getrocknete Teil ist brüchig. So kannst Du genau feststellen, bis wohin Du „arbeiten“ kannst. Gehst Du zu weit, wird der Vogel es Dich sehr genau wissen lassen. ☺
Passiert mir oft genug. Sie motzen dann richtig und Scheinhacken. Das tun sie auch untereinander. Sie berühren einen dabei nicht und tun einem auch nicht weh. Aber das Theater ist schon sehr dramatisch und etwas übertrieben meines Erachtens. Denn sonst würden sie wohl kaum sofort wieder den Kopf hinhalten … ☺

11-09-2004

Nach einem Tag der räumlichen Trennung, Oscar hoch oben auf einem Ast, Poldi unten, saßen sie zum Schlafen wieder eng aneinander geschmiegt.

Poldi hat sich eben von mir das Köpfchen kraulen lassen

14-09-2004

Gerade rief die Tierärztin an. Oscar ist eine Oscarine. Na super, jetzt muss ich wieder einen neuen Namen suchen.

Ansonsten hat sie Candida (Hefen). Aber es ist allgemein strittig, ob diese Art behandelt werden muss. Da Oscarine so toll mit Poldi klarkommt, werde ich ihn oder sie Samstag in acht Tagen auch checken lassen und dann weiterschauen. Die Quarantäne läuft erst einmal weiter … <seufz>
Poldi, der ja nur kommt, um zu zwicken <lach>, hat heute beim gemeinsamen abendlichen Singen („Für Elise" und „New York, New York") Annäherungsversuche an mich unternommen.
Ich habe dann die Luft angehalten und mir gesagt: „Wer braucht schon eine Unterlippe?" … und dann hat er mich ein paarmal ganz zart auf den Mund geknutscht. <ganz-gerührt-sei> Wenn er mit Fingern doch auch so sanft umgehen würde …

23-09-2004

Nachdem auf die letzten Beiträge kaum einer geantwortet hat, dachte ich, es interessiert keinen … wie schön, dass es nicht so ist. ☺
Also, Oscar und Poldi sind ein Paar. Sie schlafen so eng zusammengekuschelt, dass es schwer zu sagen ist, wo der eine aufhört und der andere anfängt. Demzufolge wird Poldi hier bleiben und am Samstag zur Tierärztin zwecks Durchchecken geschleppt.
Sein Ring ist ein ganzes Stück offengebogen und könnte eventuell hinten am Beinchen scheuern, sodass ich ihn entfernen lassen werde. Außerdem möchte ich ihn röntgen lassen. Die anderen Tests, bis auf den Geschlechtstest, falls es

sich später herausstellen sollte, dass ich ihn doch verpaaren kann, mache ich nicht nochmal, denn ich gehe davon aus, dass nach zehn Jahren in benachbarten Käfigen gelten muss, was der eine hat, hat auch der andere.
Wegen des Tierarztbesuchs sind derzeit beide noch im Quarantäne-Raum. Dort kann ich Poldi viel eher einfangen. Er ist ja nicht zahm, auch wenn ich ihm mittlerweile mit dem Mund den Schnabel und das Köpfchen bearbeiten darf … aber wehe meine Finger kommen ihm zu nahe.
Nach dem Tierarztbesuch am Samstag möchte ich die beiden jedoch ins Tropenhaus umquartieren. Zur Vorbereitung habe ich ihnen jetzt bereits ein paar der anderen Vögel vorgestellt. Vor Jack haben sie mächtig Respekt, die anderen wurden neugierig begutachtet.
Fliegen tun beide mittlerweile ein ganz klein wenig, wenn die Situation es erfordert (heißt: um der Dusche zu entkommen). Am Anfang waren dies eher kleine Hüpfer, aber heute Morgen ist Poldi gut 3,5 Meter auf die Badezimmertür und etwas später wieder zurückgeflogen. Also werden sie im Tropenhaus auch zum Futter und von anderen Vögeln weg fliegen können. Dies ist die Voraussetzung für die Umquartierung.
Essenstechnisch wird es langsam ein wenig besser. Gestern Abend hat Oscar zum ersten Mal Walnüsse gefressen. Auch wenn sie diese gar nicht wollte, konnte sie es ja nicht zulassen, dass Jack alle Leckerlis bekommt. Auch dies ist eine Voraussetzung für ihren Umzug. Denn ich will weder, dass sie verhungern, noch möchte ich, dass alle meine anderen Papageien das „gute“ Supermarktfutter bekommen. Richtig

spannend wird es Samstagnachmittag werden. Mal schaun, wie sie klarkommen.
Den anderen geht es soweit gut. Lisa lässt sich jetzt von mir Köpfchen und Rücken streicheln. Wir haben angefangen, Füßchen anfassen zu üben, damit sie irgendwann das „Auf"-Kommando lernen kann.

Ahhhhh – die Zuhörerschaft kriecht aus ihren Verstecken. Möööööönsch, als Clickerprofis solltet Ihr doch wissen, dass Lebewesen nur Verhalten an den Tag legen, die sich lohnen. Verhalten, das ignoriert wird, wird ausgemerzt ... das gilt auch für Menschen und Schreiberlinge, hmmmmmm??????????
Natürlich möchte ich die beiden schon mit artgleichen Partnern verpaaren! Nur soll es ja auch keine „Tour de Force" werden. Ich beobachte sie, und wenn sie so verliebt bleiben, wie sie es jetzt sind, werde ich sie vielleicht zusammenlassen. Schließlich leben meine Tiere im Schwarm, da ist eine Zwangsumverpaarung nicht möglich. Und für die dann dazukommenden Partner wäre es wirklich blöd, alleine zu bleiben, wenn Oscar und Poldi sich nicht freiwillig umverpaaren lassen.
Jetzt gilt es erst einmal nach 15 Jahren Einzelhaft im kleinen Käfig, wieder Vogel sein zu lernen. Und dann schauen wir weiter.
Poldi hat mich übrigens eben Lügen gestraft, denn nachdem ich geschrieben hatte, man dürfe ihm mit Fingern nicht zu

nahe kommen, hat er sich eben doch anfassen lassen. Die Viecher können echt Gedanken lesen!

24-09-2004

Heute Morgen ist auch Oscar geflogen … und auf der Waschschüssel gelandet, auf der bereits Hector saß. Nach einer kleinen, unwesentlichen Auseinandersetzung arrangierten sich die beiden.

Anschließend hopste sie auf die Werkzeugbox – soooo viele interessante Dinge darin –, die aber von einer „soooo-groß-bin-ich-aufgeplusterten Lily verteidigt wurde. Daraufhin sprang sie auf die Transportbox, die immer noch im Bad herumsteht.

Von dort habe ich sie dann in den Arm genommen, ihre Füßchen abgepflückt (dass man auf Armen ganz bequem sitzen kann, hat sie irgendwie noch nicht kapiert, aber wenigstens hat sie überhaupt keine Angst, ob meiner Ministrationen gezeigt) und sie wieder in den „Quarantäneraum“ gesetzt.

Als ich vorhin nach Hause kam, hatten Oscar und Poldi sich offensichtlich einen kleinen Ausflug gegönnt, denn sie saßen eng aneinandergekuschelt wie eh und je … auf der Werkzeugkiste.

Nachdem ich Oscar in den Duschraum zurückgetragen hatte und Poldi brav hinterherflog, haben sie sich erst einmal ihre Bäuchlein vollgeschlagen. Abenteuer machen hungrig.

Es wird wirklich höchste Zeit, dass sie ins Tropenhaus kommen und ihre Flügel mal so richtig ausbreiten können.
Berry habe ich heute was ganz Schlimmes angetan. Als ich sie heute Morgen aus dem Schlafzimmer rief, lag sie gerade auf dem Sofa und dachte nicht daran, sich zu erheben. Kein Problem, dachte ich, kurz eingesperrt, wird sich ihre Motivation zu gehorchen sicherlich positiv beeinflussen lassen. Gedacht getan und Tür zugezogen.
Wie immer morgens wurde es ein klein wenig hektisch und ich raste „mit der Zunge auf dem dritten Mantelknopf" zur S-Bahn.
Eben kam eine Freundin von mir, die mit den Hunden tagsüber spazieren geht, mit den beiden vom Spaziergang zurück und berichtete von der Panik, die sie bekam, als sie Berry vorhin nirgends finden konnte. Ich Rabenmutter war tatsächlich so in Eile gewesen, dass ich völlig vergessen hatte, dass Berry noch im Schlafzimmer eingesperrt war … ☺☺☺ … oh Maaaannnnnn!!!!! Ich brauche echt Ferien!!!
Und Berry, die dumme Nuss, meldete sich nicht, als Natascha sie rief und überall suchte mit Horrorvisionen, was alles passiert sein könnte im Kopf, bis sie sie zuletzt im Schlafzimmer fand. Ach, bin ich froh, dass wir Wochenende haben.

25-09-2004
Nicht direkt zusammen … die anderen Geier besuchen sie.
Die Testergebnisse kamen negativ zurück. In dem Bestand, aus dem sie kommen, gab es seit mindestens zwei Jahren keine Zugänge, sodass ich krankheitsmäßig keine Bedenken

habe. Aber da Poldis Ring halb aufgebogen ist, besteht für ihn die Gefahr, irgendwo hängenzubleiben und sich zu verletzen, oder von den anderen gepeinigt zu werden, wenn er nicht fliehen kann, und das möchte ich nicht riskieren.

Es war ein entsetzlicher Tag!
Es fing direkt mit dem Morgen an. In der Hundeschule haben Berry, ihre Leine und ich uns so ineinander verwurschtelt, dass mein Daumennagel so bös umgeklappt ist, dass Blut rauslief. Mann, tat das (und tut es noch immer!) weh.
Von da ab ging es nur noch bergab.
Bin nach Hause geflitzt, habe Poldi und Oscar eingetütet (Oscar kam mit, damit es für beide weniger stressig wird) und bin zum Tierarzt gefahren. Auf der Autobahn war ein Tanklaster explodiert und es gab sechs Kilometer Stau. Habe mich dann über Schleichwege durchgeschlagen und kam mit reichlich Verspätung an.
Zuerst Ring entfernt – so weit so gut. Es war höchste Zeit dafür, weil sein Fuß anfing, durch den Ring Schaden zu nehmen, wie ich befürchtet hatte. Dann geröntgt. Beim Halten des Vogel entdeckten wir eine riesengroße Bürzeldrüsenzyste. Beim Ausleeren sahen wir, dass sie mit Serum und Eiter gefüllt war. Erstaunlich, dass wir das vorher nicht bemerkt haben bei der Größe (fast so groß, wie mein erstes Daumenglied), aber die Federn lagen sehr deckend darüber, und da Poldi sich nicht wirklich streicheln lässt … oh je, wer weiß, wie lange er die schon hat.

Beim Ausrupfen der Feder für den Geschlechtstest hatten wir etwas Schwierigkeiten, die Blutung zu stillen. Tja, und dann sahen wir das Röntgenbild. Es sieht aus, als ob er Flüssigkeit im unteren Bauchbereich hat, aber es ist nicht ganz klar. So eine Flüssigkeitsbildung kann verschiedene Ursachen haben. Es ist aber anzunehmen, dass er einen Leberschaden hat. Dies würde auch erklären, warum die Blutgerinnung problematisch bei ihm ist.

Er bekommt jetzt was für die Leber, und wir werden es im Auge behalten, so wie die Zyste auch. <seufz>

Dann bin ich wieder nach Hause gefahren und habe die beiden Transportboxen ins Tropenhaus gestellt. Bekannt gemacht mit allen Bewohnern hatte ich Oscar und Poldi ja in den letzten Tagen. Von allen wurden sie natürlich neugierig beäugt. Was normal und in Ordnung ist. Aber dann fing Scarlett an, sie kreuz und quer zu jagen. Dabei können sie noch kaum fliegen und sind oft gar nicht auf die Idee gekommen wegzufliegen, sodass es immer wieder Auseinandersetzungen gab, bei denen ich eingreifen musste, aus Angst sie könnten verletzt werden.

Zum Schluss habe ich Scarlett abgeduscht, da sie sich dann immer ganz nach oben zurückzieht, um ihr Gefieder zu pflegen. Ich frage mich wirklich, wie das morgen weitergehen soll. So zickig habe ich Scarlett noch nie erlebt. Und sie war nun doch schon bei einigen Neuankömmlingen mit dabei.

Gefressen haben sie auch nichts. Selbst die Erdnüsse, die ich versuchte, beiden in den Schnabel zu schieben, wurden verschmäht. Wengistens sind sie an die Wasserschalen geflogen und haben etwas getrunken.

Damit sich die Tiere besser verteilen, habe ich noch zwei zusätzliche Futterstellen in Form von Futterbrettern – Ikea lässt grüßen – montiert. Mittlerweile habe ich dann auch eine Migräne bekommen, die sich gewaschen hatte (vermutlich durch die endlose Hin- und Herfahrerei und weil ich vergessen hatte zu essen …) und hänge jetzt ziemlich in den Seilen, sodass ich gleich in die Koje kriechen werde.
Poldi und Oscar sind immer noch schwer ineinander verliebt und verbringen den größten Teil ihrer Zeit mit Schmusen.

26-09-2004
Gejagt hat Scarlett heute auch noch, aber nicht mehr so schlimm wie gestern. Poldi und Oscar fliegen jetzt auch schneller weg. Dennoch hat Poldi eine – garantiert nicht von einem Ara herrührende – fette Schramme an der Nasenhaut. <seufz>
Heute Morgen und vorhin habe ich den beiden per Hand Weintrauben und Erdnüsse zugesteckt. Die fressen sie wenigstens. Und eben habe ich Poldi an der Futterschale beobachtet – heimlich natürlich. <grins> So bin ich guter Hoffnung, dass sie nicht unmittelbar verhungern werden. Oscars Brustbein habe ich auch abgetastet, und das ist soweit in Ordnung.
Meine Güte, so hat Scarlett sich noch nie angestellt. Ich frage mich echt, was da war. Spürt sie, dass die beiden krank sind und will sie vielleicht deshalb vom Schwarm ausschließen? Eifersucht halte ich für unwahrscheinlich, da Tina und Timmy und auch Max und Lisa viel mehr Aufmerksamkeit

einfordern. Gerade Tina ist ja wie ein Velcro-Bällchen. Territorialität hätte sie auch schon vorher zeigen können. Das Einzige, das anders ist als bei den vorherigen Additionen – außer, dass sie krank sind – ist, dass diese beiden offensichtlich körperlich unterlegen sind. Sie fliegen nicht so gut. Vor ihrem Schnabel braucht Ara auch keine Angst zu haben.
Vielen Dank für die guten Wünsche und guten Ratschläge.
Ausspannen … <lach> Heute habe ich zwei Vorhänge auf- beziehungsweise umgehängt, da sie von den Aras als Klettergelegenheit zu einer besonders köstlichen Wand nebst Metallverstärkung angesehen wurden statt als Hindernis.
Dann habe ich am Badezimmerbalkon, der ins Tropenhaus geht und seit letzter Woche endlich eine Balkonbrüstung hat, Hängemattenhaken angedübelt. Vorher musste ich ein Kabel an drei Stellen neu abisolieren, da Timmy es gar zu genau untersucht hatte – wann eigentlich? <grübel>
Ach ja, Balkonbrüstung … Für die habe ich aus Latten eine Abdeckung zusammengeschraubt, da auch diese Scarletts Feinschmeckerappetit in nur einer Woche arg Tribut gezahlt hatte.
Jaaaa, und dann habe ich im Garten Efeu, Immergün, Lavendel und Farn gepflanzt. Wenn das mal ein bisschen einwuchert, sieht das bestimmt ganz klasse aus und löst vielleicht mittelfristig auch das Schlamm-durch-die-Hunde-ins-Haus-Treck-Problem … ☺
So, jetzt muss ich Vögis füttern und noch ein bisschen Klarschiff machen.

Bislang habe ich hier nur Papageien und die zwei Hunde, aber noch keine Schlangen. ☺
Aaaaber … Ich hatte mich mal als Kind unsterblich in eine Würfelnatter verliebt. Fachkundige Auskunft im Zoogeschäft, als meine Eltern fragten, ob die beißt: „Nur wenn man den Finger reinsteckt“. Ein perfektes Haustier also (zumindest aus meiner Grundschulperspektive). Meine Eltern fanden dies leider nicht.
Also baute ich eine wirklich überzeugende Argumentationskette auf, denn bei uns zu Hause mussten Dinge sachlich begründet werden. „Ich will haben“ war nie ein ausreichender Grund. Aber das war ja kein Problem, da so eine Schlange ungemein nützlich ist.
Schließlich mussten wir unsere Anoraks in der Schule vor dem Klassenraum hängen lassen. Und so eine Schlange in der Jackentasche würde sicherlich jeden Taschendieb abschrecken, der eventuell etwas aus der Tasche klauen könnte. Voll logisch, fand ich. Mein Vater leider nicht. Also blieb unser Haushalt schlangenlos. <seufz> Ich hatte eben eine wirklich harte Kindheit …

27-09-2004

In meinem besonders gut durchdachten Haus können die Hunde vom Schlamm direkt in die Wohnung. Naja, wenn das alles mal eingewachsen ist, so in zehn Jahren oder so, gibt es auch keinen Schlamm mehr.
Mein Daumen tut übrigens immer noch weh. Dafür hat Oscar sich zu Rambo(-lette) II entwickelt. Unglaublich, wie

schnell sie herausgefunden hat, dass Graue sich prächtig scheuchen lassen. Wurde sie noch gestern von ihnen ordentlich geärgert, so bleibt sie jetzt fett sitzen und jagt sie einfach wieder weg. Auch Poldi gibt jetzt ordentlich „Stoff“ zurück. Nichtsdestotrotz haben sie sich mit dem Futterangebot noch nicht so recht anfreunden können, und als ich nach Hause kam, schrieen beide jämmerlich, bis sie sich ihren Bauch mit handgereichten Erdnüssen vollschlagen durften. Das eine oder andere Bröckchen Walnuss habe ich unterschmuggeln dürfen, aber das war‘s. Ein Gutes hat die Handfütterei. Sie kommen zu mir. Dennoch wäre mir lieber, sie würden eigenständig vernünftig fressen.
Nach zwei Weintrauben pro Nase haben sie sich dann zu ihrer wohlverdienten Nachtruhe begeben.
Und die anderen? Ihr glaubt doch wohl nicht, dass ich nur Oscar und Poldi hätte füttern dürfen. Neeee, das wäre doch zu einfach gewesen. Die anderen wollten auch alle mit der Hand gefüttert werden. Ihnen doch wurscht, dass das Zeug in den Schalen genau das Gleiche ist.

28-09-2004
Wieso umständlich, wenn es doch auch so bequem geht? Genauso, wie sie sich gerne von A nach B tragen lassen. Füßchen hoch, Blick auf den Zielort gerichtet und „Mami“ darf tragen … als ob sie nicht fliegen könnten. Selbst Scarlett macht das … <seufz> … ☺

Aahhh, wie war das doch gleich? Unerwünschtes Verhalten wird ausgemerzt, indem man es verstärkt … ? Hmm, da muss ich mal drüber nachdenken. Aber es ist doch soooo süüüüüß, wenn sie das machen, also nicht wirklich unerwünscht, oder?? ☺

Zumindest Jack ist sehr gut darin, seine Leckerli mit mir zu teilen. Ich werde also auch durch Belohnung verstärkt. ☺
Wie dem auch sei. Heute Abend war die Lage deutlich entspannter. Die aus der Hand genommenen Leckerlis, wurden von Oscarine und Poldi nicht mit einem Riesenheißhunger heruntergeschlungen, sondern eher genüsslich verzehrt. Ich habe ganz stark den Eindruck, dass die Herrschaft tagsüber zu speisen geruht haben …
Auch Scarlett war brav und saß mit Oscarine – wenn mir doch nur endlich ein guter Name einfallen würde – auf benachbarten Ästen und ließ sich abwechselnd Erdnüsschen und Weintrauben zustecken.
Als ich dann mit dem Schwarm in die Küche ging, um das eigentliche Abendessen zuzubereiten, flog auch Poldi mit und hielt sich immer in meiner Nähe auf, auch wenn es für ihn viel zu aufregend war, um dort irgendwas zu fressen. Als ich dann wieder ins Tropenhaus ging, hat er nach einiger Zeit und Kontaktrufen kapiert, dass man auch da wieder hinterherfliegen kann.
Alles in allem ein harmonischer und entspannter Abend mit allen.

29-09-2004

Es ist einfach toll, wie Oscarine und Poldi sich nach so kurzer Zeit im Schwarm zurechtfinden. Die beiden sind echt cool.

Oscarine flog vorhin zur Futterschale. Dort verscheuchte sie erst einmal die Grauen und die Kakadus … ich habe ein Monster geschaffen …

Glücklicherweise gibt es genug Futterstellen, sodass keiner darben muss. Und ich gehe jede Wette ein, dass die beiden Helden heute alles andere als gedarbt haben. Oscarine war offensichtlich so pappsatt, dass sie sich noch nicht einmal durch Weintrauben oder Erdnüsse aus der Ruhe bringen ließ. Ich sah sie allerdings später eine Mandel spazierenfliegen …

Poldi ist wirklich zuckersüß. Er fliegt mir überall hinterher. Ich gehe zum Kühlschrank. Er fliegt auf den Kühlschrank. Ich gehe zur Treppe. Er fliegt auf die Treppe usw. Auch er war heute nicht so versessen auf Leckerlis, hat aber durchaus welche genommen. Mit Händen hat er es noch immer nicht so, lässt sich aber weiterhin nach Herzenslust abknutschen. ☺

30-09-2004

Hmmm … ich dachte eher an Leopold in Bayern. Krönchen würde ihm sicherlich auch gut stehen … ☺

Poldi hat sich vorhin richtig von mir streicheln lassen: Köpfchen, Flügel und der ganze Rücken. Eigentlich wollte ich ihn auf die Hand bekommen, um ihn zum Schlafen ins Tropenhaus zu tragen. Statt dass er sich von der einen Hand auf die andere dirigieren lässt, hat er einfach zwischen den

Händen gehockt und sich streicheln lassen … auch gut … Anschließend habe ich ihn auf dem Wok (fragt nicht ☺) ins Tropenhaus zurück zu Oscarine getragen …
Schwarmtechnisch sind die beiden integriert, und es läuft alles ganz gut. Nächste Woche müsste ich auch endlich die Beleuchtung im Tropenhaus installiert bekommen (die Edelstahlkörbe, die extra für die Lampen angefertigt werden müssen, haben so elendig lange gedauert), sodass ich morgens nicht mehr im Dunkeln alles fertig machen muss, und auch den Tag nach hinten hin verlängern kann. Das müsste die Zeitproblematik ein wenig entzerren.

Neiiiin! Poldi wird nicht im Wok sautiert. ☺
Ja, lacht nur. Wenigstens ist er auf dem Ding sitzengeblieben – er hätte ja auch wegfliegen können …
Es ist der Job des Elektrikers, alles so zu verbarrikadieren, dass die Vögel nicht dran kommen. Dazu gehören auch die Edelstahlkörbe, um die Lampen abzudecken.
Mit den Körben hat es so lange gedauert, weil sie Spezialanfertigungen sind und die Edelstahlverarbeitung nun mal nicht sein Metier ist.

01-10-2004

Nach Wochen der Diskussionen mit dem Elektriker sind wir über HQI und HQL-Lampen dann doch wieder bei der guten alten Leuchtstoffröhre gelandet.

Kurz und knapp zusammengefasst, der Grund:
Vorgenannte sind heller, aber in den Wattzahlen, die man benötigt, um diese tropische Helligkeit zu bekommen, im Preis jenseits von Gut und Böse. Außerdem erhitzen sie sich extrem stark, was eine Verletzungsgefahr für die Vögel darstellt. Um den UV-Effekt zu bekommen, müsste man das Schutzglas entfernen, was zum einen verboten ist und zum anderen bei Feuchtigkeitstropfen (Berieselungsanlage!) zu Explosionen führen kann.
Die Leuchtstoffröhren (zum Beipiel Birdlamp) gibt es mit papageienspezifischem UV-Spektrum. Sie werden nicht so heiß, sodass man Sitzstangen vor sie montieren kann, damit die Vögel ein Sonnenbad nehmen können. Dies ist notwendig, da der UV-Anteil bei mehr als einem Meter Abstand so gering ist, dass er unwesentlich wird.
In meinem alten Vogelzimmer haben die Geiers ständig direkt unter den Lampen auf den Drähten gesessen. Offensichtlich genießen sie das Licht und die UV-Einwirkung gerne aus direkter Nähe. Da die Röhren nicht so heiß werden, besteht keine Verbrennungsgefahr, und entsprechend montiert, kann man auch die Kurzschlussgefahr ausschließen.

02-10-2004
Die Leuchtstoffröhren muss man jedes halbe Jahr austauschen. Und das Tier muss weniger als einen Meter entfernt sitzen, da die UV-Wirkung mit der Entfernung erheblich nachlässt. Andererseits ist das Spektrum auf Papageien abgestimmt. Ich habe Berichte gelesen über Fälle, in denen

Papageien, die mit Terrarien-Lampen bestrahlt wurden, grauen Star bekamen.
Bezüglich HQI hätte ich bei ordnungsgemäßer Anwendung mit Schutzglas gar kein UV-Licht gehabt. Ohne Schutzglas hat man jedoch eine erhebliche Verbrennungs- und Explosionsgefahr. Merke: Ich rede hier von einem Raum, der berieselt wird und dessen Dach fast ganz öffenbar ist, auch bei Regen. Das stellt natürlich spezielle Anfordernisse an die Elektrik.
Mit Schwanz ist Oscarine größer als Graue und Kakadus. Ohne nicht. Poldi ist auf jeden Fall kleiner – aber oho. Er hat sich heute Morgen mit Scarlett auseinandergesetzt. Genauso wie die Agas ist er mit weit aufgesperrtem Schnabel auf sie zu … ☺
Als ich heute Morgen auf den Badezimmerbalkon trat, kam Poldi zweimal angeflogen und hat sich am Kopf kraulen und den Rücken streicheln lassen

Du kommst zu Besuch!!!!! Super!!!! Werde ich Poldi gerne ausrichten!!!
Bin übrigens hochgradig begeistert … nein ausnahmsweise nicht von meinen göttlichen Vögeln, sondern von meinem neuen Hochdruckreiniger, den ich soeben zum ersten Mal ausprobiert habe. Boa, macht der das Putzen des Vogelzimmers angenehm!
Das Bodenputzteil ist so leicht zu bedienen, dass ich noch eine Hand frei hatte, um gleichzeitig Tina zu kraulen. Der

Boden ist in viel weniger Zeit mit erheblich weniger Aufwand wesentlich sauberer geworden, als ich es mit dem Schrubber je hinbekommen habe!!! Das Ding war zwar sauteuer, ist aber jeden Cent mehr als wert!

Das kommt ziemlich darauf an, wie sauber … Jetzt eben habe ich zwei Stunden herumgewirbelt. Aber das war Großreinigung, bei der ich den Dreck der letzten paar Monate vom Boden abbekommen habe. Das macht echt Spaß mit dem Teil.
Morgens und abends Fressstellen und „Klos" schaffe ich ich in ungefähr 30 Minuten. Hauruck einmal durch dauert ungefähr eine Stunde. Gründlich … damit kann man ganze Nachmittage verbraten, weil dort so viel Zeug herumsteht, unter dem und um das herum man sauber machen muss.
Mit dem Hochdruckreiniger habe ich eben den Effekt einer stundenlangen Großreinigung in nur etwas mehr als der Zeit eines „Quickies" erzielt. Mir sind dabei die Abflüsse ein paarmal verstopft, was Zeit gekostet hat. Sie sind leider immer noch nicht vom Installateur ausgetauscht worden.

Oscarine hat heute Abend außer Erdnüssen auch Mandeln, Walnüsse und Haselnüsse gefressen. <ganz-stolz-sei> – per Hand kredenzt, natürlich.

03-10-2004

Meine Hunde werden mit BARF ernährt. So schwer ist das Barfen nicht, und schon gar nicht als Papageienbesitzer.
Alles was von den Papas übrig bleibt (Gemüse, Obst, Nüsse) wird durch den Mixer gedreht und nach Lust und Laune mal mit Quark, mal mit Pansen, mal mit Lebertran, Haferflocken, rohem Ei (mit Schale) oder was auch immer vermischt. Dazu gibt es rohe Knochen mit Fleisch dran. Die Knochen sind wichtig, damit der Hund Mineralstoffe bekommt.
Einmal in der Woche, in der Regel nach dem Einkaufen am Samstag, bekommt jeder Hund ein ganzes rohes Huhn vorgeworfen, das komplett verspeist wird. Rohe Knochen splittern nicht!
Meine Hunde sind gesund, haben keine Würmer usw. Auch wenn die Versprechungen, die auf den BARF-Seiten stehen, mir anfangs reichlich übertrieben vorkamen, so sind sie tatsächlich für meine Hunde eingetroffen.
Ein Buch, das ich zu diesem Thema sehr empfehlen kann, ist von Dr. Billinghurst, „Give your dog a bone“.
Von Fertigfuttermitteln für Hunde halte ich genauso wenig wie von Pellets für Papageien.

04-10-2004

Dicker Durchbruch bei beiden Grünen.
Am Abend sind Oscarine und Poldi zusammen mit dem Schwarm aus dem Tropenhaus ins Wohnzimmer geflogen. Dort gab es Runden von Leckerlis für alle. Und auf einmal flog Poldi mir glatt auf den Arm, so als wäre das gar nichts

Neues. Da zu dem Zeitpunkt bereits zwei Aras und ein Kakadu auf mir parkten, war ich nicht so reaktionsfreudig, wie es vielleicht angemessen gewesen wäre. Aber selbst mit ein wenig Verzögerung hat Poldi sich dann doch sehr über den Sonnenblumenkerne-Jackpot gefreut, denke ich.

Als ich dann das Futter im Tropenhaus serviert hatte, sind alle brav zurückgeflogen – außer Poldi und Oscarine ... <nerv> Ausgerechnet die, die nicht auf die Hand kommen, geschweige denn auf irgendwelche Kommandos hören.

Oscarine habe ich dann im Hauruck-Verfahren Auf-die-Hand-kommen beigebracht. Zum Schluss blieb sie sogar sitzen, während sie ihren ergatterten Leckerbissen fraß. Nur bei Bewegung flog sie sofort wieder auf einen sicheren, weil stabilen Ast. Zu erwarten, sie auf der Hand sofort ins Tropenhaus tragen zu können, nachdem sie das erste Mal überhaupt auf die Hand gekommen ist, war wohl ein klein wenig überambitioniert.

Zum Schluss habe ich sie dann mit einem Handtuch genommen und ins Tropenhaus getragen. Dabei war sie erstaulich unpanisch.

Und als ich sie „auswickelte", habe ich ihr händisch vom Boden auf die Leiter helfen dürfen. Als sie dort nicht bleiben wollte, habe ich sie mit beiden Füßchen von der Leiter abgehoben und auf den Arm genommen. Ich wollte nicht, dass sie im Dunkeln versucht zu fliegen und sich dabei möglicherweise verletzt.

Beim Sitzen auf dem Arm ist sie sehr instabil und versucht, irgendwie mit Flügeln und allem Balance zu halten. Sie kennt es eben nicht beziehungsweise hat es nie gelernt.

Also habe ich sie gut im Arm gehalten, während ich sie zu ihrem angestammten Schlafplatz brachte. Dort angekommen, ist sie aber nicht etwa schnell weg, sondern blieb seelenruhig auf meinem Arm sitzen und ließ sich noch ein bisschen kuscheln.
Mit Poldi war es nicht ganz so leicht. Die Wok-Nummer kennt er ja schon und ist nicht wieder darauf reingefallen. Also habe ich alle Lichter gelöscht bis auf den Computer. Dort ist er dann hingeflogen und versuchte, an den Zweigen meines Bildschirmschoners hochzukraxeln. Also auch dort mit Handtuch geschnappt und ins Vogelzimmer getragen. Auch er ganz entspannt. Ihn kann ich ja mittlerweile ganz gut am Köpfchen und am Rücken streicheln, mit dem Endziel, dass ich die Bürzeldrüsenzyste ohne Greifen oder Tierarztstress kontrollieren kann.
Ja, und dann durfte ich noch einen Lichtschalter reparieren, den Scarlett mit einem Haps zerlegt hat. <seufz>
Und jetzt gehe ich mit den Hundis raus.

05-10-2004

Ob meine Tiere ihren Schlafplatz aufsuchen, bevor oder nachdem ich das Licht ausmache?
Isch 'abe garrrr kein Licht.
Der Elektriker war immer noch nicht da … Die Aras gehen bei Dämmerung auf ihre Schlafplätze. Hector lässt sich, wenn ich im Wohnhaus das Licht abdunkele, zu seiner Transportbox tragen und krabbelt auch bereitwillig hinein. Allen anderen ist es wurscht.

Den zwei neuen Grauen geht es soweit gut.
Max kommt immer ganz lieb zum Kraulen, ist aber ein sehr ruhiger Zeitgenosse, der meistens still herumsitzt und auch nichts anstellt. Er schmust nur gerne. Und mit Lisa übe ich weiterhin. Es ist schon besser geworden, aber ich bin erstaunt darüber, wie verängstigt sie nach all diesen Wochen noch immer ist. Immerhin kann ich sie am Rücken und am Kopf streicheln. Sie genießt es aber noch nicht.
Auf die Hand kommt sie auch noch nicht. Es tut mir so leid, dass sie so ein verschrecktes armes Ding ist. Aber sie badet sehr gerne in der großen Wasserschale, die ich für sie in den Käfig gestellt habe. Bei den Flatterübungen kann man sehen, dass ein paar Federn nachgewachsen sind.

06-10-2004
Jenauuu, Oscar und Poldi sind ein unartgerechtes Paar!
Aber – viel wichtiger – ich habe nicht nur ein unartgerechtes Paar hier sitzen, es ist ein lesbisches unartgerechtes Paar („Not that there‘s anything wrong with that“) … Jawoll Oscar(ine) und Poldi(rine) sind beides Mädel.
Na super … und ich dachte, ich kriege hier die weltweit erste Blaustirnrotbugarasittich-Nachzucht … <seufz>

Jaja, ich weiß … ohne Diadämsche keine Braut-Soiree …
Aber definitiv ist es ja noch nicht. Ich höre mich mal so um. Es gibt da wohl eventuell einen Blaustirnsittich in einem

Tierheim, da werde ich mal die Tage anrufen, ansonsten sind sie ja entsetzlich rar.
Aber wie gesagt, wir müssen erst einmal schaun, wie sich das entwickelt, denn ich möchte nicht nachher vier Einzelvögel da sitzen haben.

Ich bin übrigens in einem furchtbar netten Dorf. Vor ein paar Tagen lernte ich eine Dame mit zwei Hunden auf meinem abendlichen Spaziergang kennen, die einen Apfelbaum mit Mini-Äpfeln im Garten hat. Ungespritzt! Die darf ich mir abholen.
Und heute habe ich mit der Frau vom Gärtner gesprochen, die einen Walnussbaum hat. Die ersten „meiner" Walnüsse wären reif, wann ich sie abholen kommen mag. Morgen nach der Arbeit, sagte ich, an ein Beutelchen mit Nüssen denkend. Die Antwort darauf war, wie gut es sei, dass ich mit dem Kombi komme, denn da könne man die Kisten problemlos hintenrein stellen.
Kisten???????? Für die ersten paar Nüsse???????
Ist das nicht klasse?

… mitnichten … ich habe den Spenderbaum sogar besucht!!!!
Will mir ja einen Walnussbaum in den Garten pflanzen, deswegen musste ich ihn doch begutachten. Ein mickriges Ding, dachte ich … ☺ Der Schein hat da wohl getrogen.

Ummm ... wie soll ich sagen ... sammeln brauche ich nicht. Nur die Kisten abholen ... ☺

07-10-2004

Uuummmm ... ach so ... manchmal stehe ich halt auf der Leitung.

Rügen? Wie romantisch! Dort wohnst Du? Nun gut, meine Vorstellungen davon spielen so eher Anfang des letzten Jahrhunderts: mit Pferdekutschen zum Strand mit zivilisiertem Picknick und so. Dies entspricht vermutlich nicht wirklich der jetzigen Realität?

Aber wenn mein Walnussbaum erst einmal steht, betreibe ich gerne einen wilden Export ins ferne Rügen!

Oder Du kommst mich mal besuchen!?!?!

... es ging um die Walnusskisten, mit denen ich Euch herlocke, nicht um die Briefmarken Sammlung! ☺

<lach> Poldi MUSS nicht im Wok sitzen, sie DARF (!) es. Nein, sauer bin ich nicht. Es bricht mir nur das Herz, wenn ich sehe beziehungsweise lese, wie alle guten Ratschläge in den Wind geschickt werden. Bei mir und anderen landen diese Tiere ein paar Jahre später. Am Anfang sind sie alle süß und unkompliziert. Deswegen glauben die Besitzer nicht, was da schiefgehen kann. Nach zwei Jahren oder

spätestens mit Einsetzen der Geschlechtsreife kommen dann die Probleme.
Es sind immer die gleichen Sprüche: „Ich verstehe das gar nicht. Er war immer so lieb, und jetzt beißt/schreit/rupft er.“ Diese Probleme würde ich Vogel und Besitzer gerne ersparen. Aber das geht natürlich nur, wenn auch zugehört wird. Und wenn das offensichtlich nicht geschieht, ist das schon sehr frustrierend und traurig.
Aber, auf der positiven Seite, durch solche Diskussionen werden auch viele stille Mitleser informiert. Und es freut mich jedesmal unsäglich, wenn ich dann eine E-Mail bekomme, dass man sich jetzt zwei Naturbruten holt. Und wenn man dann miterleben darf, wie toll sich diese Tiere entwickeln, dann ist es immer wieder die ganze Mühe und den Ärger wert. Dafür bin ich dann wirklich dankbar, und es versöhnt mich für so Einiges, was hier passiert, was nicht so toll ist (also Leute, weiter E-Mails schreiben! ☺).
Themawechsel.
Ich liebe das Landleben. Nach Kindheit auf dem Lande habe ich ewig in Großstädten (Toronto, Frankfurt, New York) gelebt und finde es nur klasse, jetzt wieder auf dem Land zu wohnen. Ich freue mich jeden Abend, wenn ich nach Hause komme. Es ist nur schön! – abgesehen von dem Elektriker, der immer noch nicht das Licht installiert hat. <schreiiiii>
Gerade habe ich die ersten vier Kisten Walnüsse – es stehen noch mindestens 20 dort, die sie aufheben bis ich sie brauche, da ich mit den ganzen Kisten echt in Lagerschwierigkeiten gekommen wäre – abgeholt, und es gab eine Walnuss-Schlemmer-Orgie hier in der Küche. Die Nüsse sind

noch ganz frisch und weich und schmecken einfach toll! Ganz anders als die getrockneten aus dem Geschäft.
Und Zweige bekomme ich auch vom Gärtner, da der Walnussbaum geschnitten werden muss …

08-10-2004

Also, die grüne Schale bleibt am Baum, wenn die Nuss runterfällt. Was runterfällt, sieht im Grunde genommen so aus wie die Nüsse, die man im Supermarkt kauft. Die Walnüsse füttere ich mit Schale, aber für die kleineren Vögel angeknackt.
Die Grauen und Jack bekommen sie zwar auf, aber es dauert ewig. Deshalb kann man die Nüsse als Beschäftigungstherapie ungeknackt, aber als Futter geknackt geben. Diese Nüsse sind aber zum Teil so riesig, dass ich sie nicht in den Nussknacker bekomme! Diese gebe ich Scarlett. ☺
Wenn Jack mit einer Nuss auch nur ein wenig Mühe hat, drückt er sie mir in die Hand oder in meinen „Schnabel“. Dann wartet er, bis ich sie für ihn geknackt habe. Seit gestern liefert er die leere „Verpackung“ auch wieder für ein „Refill“ bei mir ab. Stellt Euch meine Belustigung vor, als er anfing, mir jede leergefutterte Schale in meinen Mund zu stopfen …

09-10-2004

Heute Morgen sind mir spontan zwei Namen eingefallen. Ich möchte schließlich die Sensibilitäten meiner beiden Mädels nicht verletzen, indem ich sie immer mit Jungs-Namen rufe.

Wie findet ihr Lucy (für Oscar), von „Oscar and Lucinda". Ihr Partner wird dann Oscar heißen. Und Polly statt Poldi? Polly ist doch so ein ganz altmodischer Papageienname. Das finde ich irgendwie süß. Hieß nicht ein Papagei bei Tom Sawyer Polly? Oder verwechsele ich da ganz brutal was?
Ansonsten verjagt Polly Graue und Kakadus, wenn sie mit mir schmusen will. Bei den Aras versucht sie es, aber die lassen sich von ihr (noch) nicht ins Bockshorn jagen. Sind ja auch zehnmal größer, während die armen anderen nur fünfmal größer sind. Da kann man natürlich keinen Widerstand erwarten. Viel zu gefährlich! Meine Helden!!!

Ah, jetzt erinnere ich mich – Tante Polly war's. Hatte Tante Polly einen Mann – wegen des Partnernamens? Ich glaube nicht, oder?
Ich glaube ich habe da zwei Sachen verwechselt. Twain hat so ein tolles Zitat:
„She was not what you would call refined.
She was not what you would call unrefined.
She was the type of person who keeps a parrot."
Brilliant, oder?

Boa!!! Will ich auch haben. Ich hatte als Kind nie Puppen, weil meine Mutter dagegen war. <heul> Auch das Packerl Mozartkugeln, Lipizzaner oder Sissibilder nehme ich gerne

entgegen. Es ist hart, unbestechlich zu sein … <heul … Huuuunger …>
War übrigens heute beim Papageien-Treff Rheinhessen auf Vorträgen von Lars Lepperhof (sehr knuffig, ohne Ehering, Mädels, haltet Euch ran) über Hyzintharas, Brasilien, Costa Rica usw. und von Dr. Bürkle (ebenfalls sehr knuffig, ohne Ehering, Mädels, siehe oben), der vorher fünf Jahre im Loro Parque gearbeitet hat.
Für alle, die bislang futtertechnisch noch nicht verwirrt waren: Er empfiehlt auf keinen Fall Keimfutter (okay, das wusste ich auch schon), aber stattdessen die Körner, statt sie zu keimen, 40 Minuten lang zu kochen und sie den Vögeln so zu servieren.

10-10-2004

Nun ist es ja nicht so, als ob Lucy hundertprozentig auf Oscar gehört hätte. Selbst ein Prozent wären hoch gegriffen.
Kann es kaum glauben, dass Ihr mich alle nicht versteht! Ach, Ihr müsst einfach mal Hessisch lernen: Knuffig = süß, knusprig, yum, yum … na, versteht Ihr es jetzt???
Wegen der Vitamine – das hatte ich auch kommentiert und bekam dann zu hören, dass man Körner eh nicht wegen der Vitamine gibt. Ist also im Grunde genommen wohl einfach leerer Ballast oder Beschäftigungstherapie (meine Interpretation).
Apropos Verwirrung: Nachdem ich mich nun entschlossen hatte, Lucy und Polly doch zu verpaaren, weil sie die letzten Tage nix gemeinsam gemacht hatten, haben die beiden mich

nun auch in ein tiefes Dilemma gestürzt, indem sie die letzte Nacht heftigst knutschend miteinander verbrachten. Werd' einer schlau aus den Geiern …

Nee … bei der Vorbesitzerin saßen Lucy und Polly schön getrennt. Jeder in seinem eigenen, viel zu kleinen Käfig, aus dem sie nie rauskamen.
Sie haben sich im Quarantäneraum zusammengefunden, nachdem ich sie aus den Käfigen ließ.

Endlich Ruhe!
Habe den ganzen Tag gewirbelt, aber jetzt schlafen alle. Jack und Scarlett ganz oben im Fenster, Hector ist in seine Transportbox gekrabbelt, Polly hat ihr Köpfchen fest unter Lucys Kinn gesteckt und Timmy und Tina sitzen ganz oben über dem Badezimmerbalkon. Max und Pablo sitzen irgendwo im Tropenhaus und der Nicht-abstürzen-kann-Käfig mit Lisa und Flores ist auch schon zugedeckt.
Ich stehe in der Küche und mache das Abendessen für die Hunde, als auf einmal Lily, die mit in der Küche sitzt, voller Insbrust tönt: „Hiiiiii, Lille-Mouse! I love you sooooooo! <knuuuuuutsch>" Meine Güte ist die süß.
So habe ich mich nach der Raubtierfütterung dann doch noch erweichen lassen und mit ihr ein paar Runden Jo-Jo gespielt. Dabei lasse ich sie an meinem Finger kopfüber bis

ein paar Zentimeter über den Boden „stürzen“ und dann geht‘s wieder hoch … wie ein Jo-Jo eben, nur gefiedert. Danach haben wir noch ein bisschen Achterbahn gespielt. Anschließend noch ein bisschen Köpfchenkraulen und „gut iss“ – dachte ich.
Eben kurz die Hunde durchgeknuddelt, und schon rief Madame mich zur Raison: „Kuckuck“, „Kuckuckuuuuu-uck!!!!“ … Nun gut, kraulen wir halt noch ein bisschen weiter. Die Kleine geht eh gleich schlafen …

11-10-2004

Nun ja. Ideal ist es nicht und sollte vermieden werden.
Lucys und Pollys Geschichte sollte keinesfalls zum Nachahmen animieren oder als Argumentation benutzt werden, Papageien nicht artgerecht zu verpaaren. Was dann im Übrigen tierschutzwidrig wäre.
Diese beiden sind ein absoluter Sonderfall, denn sie saßen mindestens zehn Jahre lang in absolut und jeder Hinsicht artungerechter Haltung in Nachbarkäfigen. Ich denke, zehn Jahre Sicht- und Lautkontakt verbinden.
Abgesehen davon sind beide krank und älter. Letzteres erschwert es, einen passenden Partner zu finden und ersteres führt natürlich zu Überlegungen, ob es denn für das Partnertier fair wäre, da es vermutlich in kurzer Zeit Witwer werden würde.
Nichtsdestotrotz habe ich eine Verpaarung ins Auge gefasst. Nur wenn sie so herumschmusen wie jetzt, fände ich es grausam, sie zu trennen.

12-10-2004

Nun ja. Polly hat mit ziemlicher Sicherheit eine chronische Zinkvergiftung, die seit zehn Jahren gespeist wurde. Die Leber ist stark angegriffen. Sie hat bereits Blutgerinnungsstörungen und Flüssigkeit im Bauch. Einen genauen Zeitraum kann ich nicht prognostizieren, obwohl ich natürlich hoffe, dass sich ihr Zustand wieder ein wenig verbessern wird. Behandeln kann man dies nicht wirklich, nur ihren Körper unterstützen, so gut es eben geht.

Über Lucy hatte ich ja auch schon geschrieben.

Man kann halt nur abwarten, den Vogel so gut wie möglich versorgen und Trost finden in dem Gedanken, dass man ihm wenigstens noch eine schöne Zeit nach all den schrecklichen Jahren bereitet hat.

Schon klar. Aber es ist wichtig, das klarzustellen, da es auch viele stille Mitleser gibt, die dies möglicherweise falsch verstehen und auslegen könnten. Ich bin nach wie vor ein großer Anhänger der artgerechten Verpartnerung.

13-10-2004

Nur kurz: Heute Abend, als ich Timmy eine Nuss reichte, kam Polly mir nichts, dir nichts auf die Hand geflogen, als ob sie noch nie etwas anderes getan hätte. Die Nuss wurde untersucht, als langweilig befunden, und dann flog sie wieder weg.

16-10-2004

Gestern habe ich endlich, endlich ein paar Lampen im Vogelhaus installiert bekommen. Nur die Hälfte, da der Elektriker jetzt eine Schulterentzündung hat … seit April????? … Nun ja, wie dem auch sei, drei Lampen sind besser als keine, und der Rest soll nächste Woche montiert werden.

Mir ist ein Kletterbaum zerbrochen. Auf dem Weg nach unten haben die Teile einen großen Tontopf erlegt. Glück im Unglück – nur ein paar Zentimeter mehr und das große Fenster hätte dran glauben müssen. Grund genug, unumfallbare Sitzlösungen anzustreben.

Die neuen Lampen wurden natürlich sogleich von Scarlett untersucht. Tja, Scarlett … drei Millimeter starkes Edelstahlgitter bekommst selbst Du nicht kaputt. Währenddessen beobachteten und kommentierten Jack und Lucy Scarletts Bemühungen aus sicherer Entfernung in luftiger Höhe. Anschließend wurden die Edelstahlkörbe der Lampen von allen Grauen als Sonnenbank benutzt.

Ach, es gibt noch so viel zu tun. Unter anderem müssen die Bad- und Schlafzimmerbalkone, die endlich gestellt wurden, noch angestrichen werden. Jaaaa … ich lebe noch immer auf einer Baustelle …

Die kleine Lily fing an zu rupfen als Nikita starb und hat seither nicht damit aufgehört. <seufz>

17-10-2004

Supi! Freue mich über jede Hilfe. ☺ An die Lampen kommen wir aber auch mit Leitern ran. Dafür benötigen wir keine Plattform. Klettergeschirr habe ich aber tatsächlich sowieso … <lach>
Hast Du gesumpft gestern Nacht? Du müsstest dann ja gegen fünf Uhr ins Bett gekommen sein????? <gar-nicht-neugierig-bin>

19-10-2004

Polly hat heute Abend eine dicke Schramme auf ihrer Nasenhaut. Nachdem sie sogar anfing, die Dunkelroten zu scheuchen, hat ihr wohl endlich jemand Kontra gegeben. Vielleicht lernt sie was daraus …
Eine Papageienmodelagentur mit meinen Geiern gründen?? Glaube ich kaum. Eine Bekannte von mir, die in den USA ein Clickertraining-Buch für Papageien geschrieben hat, kontaktierte mich vor einiger Zeit wegen Bildern für ihr Buch, da sie wusste, dass ich auch mit Aras trainiere, und

ihr solche Bilder noch fehlten. Brav habe ich ihre Liste mit Clickerübungen abgearbeitet und einen Riesenstapel Bilder rübergeschickt. Dann kam eine Mail von ihrer Verlegerin, die mir mitteilte, dass sie die Bilder nicht verwenden könne, da weder Jack noch Nikita schön genug seien aufgrund ihrer Handicaps. Mann, war ich wütend. Statt dass sie die Gelegenheit nutzt, um zu zeigen, dass gerade unerwünschte oder behinderte Tiere durch Clickertraining profitieren können, wollte sie nur Bilder von Vorzeigepapageien. Nun ja – ihr Verlust!

Die ganzen Spezialsachen für mein Haus habe ich selber geplant. ☺ Zum Teil habe ich diese auch selber besorgt, wie zum Beispiel die großen Dachflächenfenster im Tropenhaus. Diese kann man ganz aufklappen. Sie sind aber sündhaft teuer. Da habe ich den Produzenten so lange bearbeitet, bis sie meinen Auftrag in einen Großauftrag von Ikea eingewickelt haben. Somit habe ich Ikea-Einkaufskonditionen auf diese Fenster bekommen (halber Preis!) …

Wie ich die Höhe geputzt bekomme???

Häh? Putzen??? <lach> Was mit dem Hochdruckreiniger nicht abgeht, bleibt dran. Außerdem sind ungeputzte Fenster ein guter Anti-dagegenflieg-Schutz. ☺

Der Elektriker hat so lange gebraucht, weil er die richtigen Lampen für einen Feuchtraum mit Berieselungsanlagen besorgen musste und dann auch noch die Sonderanfertigungen der Papageiensicherungs-Edelstahlkörbe organisieren musste.

Der Balkon vor dem Badezimmer geht nicht wie bei normalen Bauten ins Freie hinaus, sondern direkt ins Tropenhaus.

Das Badezimmer hat leider keine Fenster. Das Schlafzimmer hat außer dem Balkon ins Tropenhaus auch Dachflächenfenster, die ich allerdings noch vergittern muss.

20-10-2004
Melanies Verlegerin ist eine Koryphäe des Clickertrainings. Aber das mit Nikita und Jack werde ich ihr nieeeeee verzeihen. <grummel> In mein Buch kommen gaaaaanz viele Bilder von ihnen. So!!!
Das Haus sollte ursprünglich nur ein bisschen saniert werden. Lehmboden im Wohnraum fand ich dann doch ein wenig ungemütlich. Dabei sind mir ein paar Wände eingestürzt. Daraufhin wurden der Kreativität keine Grenzen mehr gesetzt. <lach>

Stopp! Was Stefan Dir erzählt, ist nur die halbe Geschichte. Der Stahl wird verzinkt damit er nicht korrodiert. Voliere und Zubehör, die vom Magneten angezogen werden, sind in der Regel VERZINKT, also hochgefährlich für die Geier. Verchromte Volieren sind mir nicht bekannt. Sie wären schlichtweg viel zu teuer. Nicht das Zink selbst wird vom Magneten angezogen, aber das darunter liegende Material, das verzinkt ist, damit es nicht korrodiert.
Wenn also das, was Du im und am Käfig hast, magnetisch ist, dann ist es verzinkt und lebensgefährlich für Deine Geier. Edelstahl ist nicht magnetisch! Dieses Material wird

nicht zur Beschichtung genutzt, sondern massiv verwendet. Es gibt zwar Edelstahl-Legierungen, die schwach magnetisch sind, aber den Unterschied merkst Du, wenn Du die verschiedenen Materialien miteinander vergleichst.
Das Zinkproblem hast Du übrigens auch bei pulverbeschichteten Volieren. Ich habe diesbezüglich mit zwei Herstellern gesprochen, die mir beide erklärten, dass in der Zwischenschicht Zink ist, damit der darunter liegende Stahl nicht rostet.
Einer der Hersteller hatte selbst Agaporniden. Für seine eigenen Tiere (!) benutzt er keine in der Form beschichtete Voliere, sondern machte eine Sonderanfertigung ohne Zink mit doppelter Beschichtung. Diese Beschichtung erneuert er regelmäßig. Das bekommen normale Käufer von solchen Volieren natürlich nicht hin. Das wäre viel zu aufwändig. Deshalb solltet Ihr unbedingt nur Edelstahl-Volieren kaufen.

22-10-2004

In der Papageien-Disco geht‘s weiter rund: Vor zwei Tagen wurde Lucy auf einmal recht angriffsfreudig – und das war so: Während ich Futter auf eines der Futterbretter streute, kam Jack auf das Brett geflogen und wir legten eine genüssliche Kraul- und Schmusepause ein. Da kam auf einmal Lucy auch auf das Brett geflogen und ging mit weit geöffnetem Schnabel und großem Gefieder auf mich los.
Nun ja, ich hielt ihr schön den gespannten Handrücken hin, sodass sie sich abreagieren konnte und dachte mir „Nanu?“. Nachdem wir uns also arrangiert hatten, lief sie zu Jack und

fing an, ihm das Köpfchen zu kraulen. Die Kleine hat sich wohl verknallt und war eifersüchtig auf mich … <lach> Und Jack? Er hat‘s sich natürlich gefallen lassen, die untreue Tomate. <grins> Man stelle sich die Logistik vor, er ist ja nun locker doppelt so groß wie Lucy. Und Scarlett? Der war‘s grad wurscht, denn die Nächte verbringt er doch immer nur mit ihr. Außerdem war sie anderweitig beschäftigt …

Tjaaaaa Daniel … würdest Du mich endlich mal besuchen, dann hättest Du, so wie Eilika, Dir die Öhrchen und die Haare von Scarlett putzen lassen können. Sie ist jetzt gaaanz, gaaanz sauber.
„Jawohl“, sagt sie, soll ich Dir ausrichten. ☺

26-10-2004
Das Tropenhaus wird über Fußbodenheizung erwärmt. Es ist sehr gut isoliert. Aber durch die großen Fenster verliert man natürlich mehr Wärme als durch Mauerwerk.
Ob die Heizkosten mir die Haare vom Kopf fressen, wird sich dann noch herausstellen. Ich hoffe nicht. ☺

Jack, der Kosak …
Heute Abend MUSSTE ich im Tropenhaus mal eben kurz die Hunde durchknuddeln. Jack dachte natürlich, er verpasst

was, und ist äußerst geschickt mittendrin oder, genau genommen, auf ihnen gelandet.
Ja, Plural, auf ihnen. Mit seinem rechten Fuß stand er auf Berry, mit seinem linken auf Snow … und dann liefen beide Hunde auseinander …
Sein Gesichtsaudruck, während er langsam in die Grätsche ging, war unbezahlbar …☺ Dann ist er höchst unelegant durch die Mitte auf den Boden geplumpst. Mann, habe ich lachen müssen. ☺
Mit Scarlett habe ich heute Abend angefangen, am Schnabel vom Boden hochheben zu üben … dann brauche ich mich nicht immer so tief zu bücken … ☺

01-11-2004
Habe eine große Wanne mit Wasser und bunten Plastikbällen gefüllt. War das ein Spaß! Jeder Vogel hat versucht, die Bälle zu bekommen. Zum Schluss saßen wir alle auf dem Boden oder auf dem Wannenrand.
Scarlett war supersüß. Hat sich unterm Bauch kraulen lassen. Das gefiel ihr dann so gut, dass sie sich mehrfach auf den Rücken legte. <lach>
Mittlerweile ist Polly zahm genug, dass ich ihre Bürzeldrüse checken konnte. Leider ist die Zyste wiedergekommen. Sie ist etwa erbsengroß. <seufz>
Timmy ist nach dem Besuch seiner Vorbesitzer am vorletzten Sonntag völlig ausgerastet und griff alles an, was sich bewegte. Einige meiner Gäste – und ich auch – haben dabei leider böse Bisse abbekommen.

Meine erste Reaktion war, ihn zu separieren. Aber dann kam ich darauf, dass er vielleicht Angst hatte, weg zu müssen, oder nicht wichtig zu sein.
Also habe ich, als mir diese Idee kam, meine erste Reaktion, die gar nichts gebracht hat, ignoriert und ihm stattdessen extra Streicheleinheiten gegeben. Das war des Rätsels Lösung. Jetzt ist er wieder ganz lieb.
Werde mal mit den Vorbesitzern sprechen müssen, dass es wohl leider nicht so gut für Timmy ist, besucht zu werden.

02-11-2004

Apropos alt … mein olles Knie tut heute so derartig weh, dass ich zum ersten Mal erwäge (Verletzung war im Mai …), es vielleicht doch zum Orthopäden zu schleppen.

Bei meinen eigenen Tieren ist das was anderes. ☺ Da wäre es mir auch egal, ob sie Angst vorm Kontrastmittel einspritzen haben …

08-11-2004

Nachdem ich am Donnerstag fast nicht mehr laufen konnte und auch nicht mehr ins Auto kam, da ich mein Knie nicht krümmen konnte (Schmerzskala ungefähr sieben von zehn erreichbaren Punkten), war ich dann endlich beim Orthopäden.

Und siehe da, es war gar nicht mein Knie, sondern der Rücken. Da gibt es ein Band, das bis zur Seite des Knies geht und wenn der Rücken verrenkt ist, dann tut eben auch das Knie weh. Nachdem der gute Mann meinen Rücken wieder eingerenkt hatte, ging es denn meinem Knie auch schon viel besser (vier von zehn Schmerzpunkten). Allerdings fühlte sich mein Rücken an, als ob ein Laster drüber gerollt wäre.

Aber das wollte ich Euch gar nicht erzählen, sondern vielmehr was mir völlig Irres gestern Abend passiert ist: Gestern Abend hatte Scarlett oben am Fenster den Rahmen für das Fliegengitter, das sie bereits am ersten Nachmittag nach dem Einzug entfernte, so weit zugerichtet, dass der ganze untere Balken tösend zu Boden stürzte. Das hat den ganzen Schwarm so erschreckt, dass sie nach ihrem Panikflug völlig katatonisch in den Seilen hingen.

Nun ja, was ist besser geeignet, diese Benommenheit zu kurieren, als eine Runde Leckerlis zu spendieren. Je sündhafter desto besser. ☺ Leider waren einige von ihnen zu geschockt, um sich was zu holen. So auch der arme Timmy, der ganz oben auf der Leiter saß.

Kein Problem, dachte ich. Flugs hinauf, und es geschah, was gar nicht geschehen darf … die Verankerung oben löste sich, und die Leiternhälfte, auf der ich in viereinhalb Metern Höhe oben stand, ratterte an der anderen Hälfte herunter, die dann umkippte (glücklicherweise von mir weg) und zu Boden polterte. Soviel zum Thema Geier beruhigen. Ich hatte noch Zeit, OHHH SHIT!!!, zu denken, dann fand ich mich mitsamt Leiternhälften am Boden wieder.

Nachdem ich ein paarmal, erst ganz vorsichtig und dann tief, durchgeatmet und meine Gräten sortiert hatte, kam die Riesenüberraschung.
Zum ersten Mal seit fast sieben Monaten bin ich völlig schmerzfrei. Sowohl Knie als auch Rücken. Ist das nicht irre? Ich muss mich beim Sturz wieder völlig eingerenkt haben. Wahnsinn, oder? Weiß zwar nicht, wie ich das Hinbiegen soll, dass es ein Clickerthema ist, aber ich wollte es Euch doch erzählen. Mein Schutzengel bekommt demnächst Sonderzulage. ☺

14-11-2004

Aladdinchen ist heute früh ganz überraschend gestorben. Sie ist die kleine blaue Aga-Dame, die ich vor drei Jahren aus einem Zooladen gerettet hatte.
Als ich heute Morgen ins Vogelzimmer kam, lag sie einfach so da, auf der Schwelle. Ihr kleiner Körper war sogar noch warm.
Ihr könnt Euch vorstellen, wie geschockt und getroffen ich war. Nun ja, so habe ich mich denn zusammengerissen und habe mit ihr ihre letzte und traurige Fahrt zum Tierarzt angetreten. Denn im Interesse der anderen Tiere muss ich natürlich die Todesursache feststellen lassen.
Wir haben sie dann gemeinsam seziert – beziehungsweise die Tierärztin hat es durchgeführt und ich habe zugeschaut und mir alles erklären lassen.
Sie hatte eine überaus gut entwickelte Brustmuskulatur – ja, das viele Fliegen. Aber schon am Herzen konnte man viele

Gichtkristalle sehen, die als weißlicher Belag auftauchten. Die Luftsäcke waren ganz zart und durchsichtig, wie sie sein sollen. Auch Lunge, Milz, Muskelmagen und Drüsenmagen sahen sehr gut aus. An der Niere jedoch befanden sich wieder viele Gichtkristalle. Auch die Leber hatte den weißen Belag. Eine Stuhlprobe aus dem Darm ergab nichts unter dem Mikroskop. Von allen Organen und auch vom Rückgrat haben wir Stücke abgeschnitten für die Histologie und Bakteriologie. Jetzt müssen wir auf die Ergebnisse warten. Allem Anschein nach ist Aladdinchen tatsächlich an Gicht gestorben. Dabei sollte sie erst drei Jahre alt sein. Hoffen wir, dass sich bei den Laboruntersuchungen nichts anderes findet.

Ich habe sie dann wieder mit nach Hause genommen und hier in ein Tüchlein geschlagen, dann habe ich sie in einen kleinen Karton gebettet mit einer Feder von Jazz und einer halben Walnuss, die sie so gerne fraß. Jetzt wartet sie in der Tiefkühltruhe auf ihre Beerdigung.

In den nächsten Tagen sollen ein paar Bambus-Pflanzen ankommen, zu deren Füßen ich sie begraben möchte. Es ist doch eine schöne Vorstellung, dass sich ein Teil von ihr in den Wipfeln im Wind wiegen wird, während ihr Seelchen sich auf die weite Reise macht.

Liebe, traurige Grüße.

6. Nachwort

Der November hat es wirklich in sich. Vor fast genau einem Jahr um die gleiche Zeit war meine geliebte Nikita verstorben und jetzt mein süßes Aladdinchen. Bei Nikita zeigte uns die Obduktion, dass man nichts hätte machen können, um sie zu retten. Bei Aladdinchen war das anders. Ihr Problem war ganz wesentlich auf eine jahrelange falsche Ernährung durch ihren Vorbesitzer zurückzuführen.
Der erste Eindruck der Tierärztin wurde durch das Labor bestätigt: Aladdinchen ist höchstwahrscheinlich an viszeraler Gicht verstorben. Das ist Gicht, die die Organe befällt. Tatsache ist, dass dies laut der Tierärztin bei einem dreijährigen Vogel so gut wie ausgeschlossen ist.
Die Vermutung liegt nahe, dass der Züchter dem Zoogeschäft eine „ausgelutschte“ Bruthenne untergejubelt hatte. Dies erklärt auch Aladdinchens Gicht. Viele Züchter versorgen ihre Bruthennen leider nach wie vor mit Eifutter. Die darin enthaltenen tierischen Proteine erhöhen die Harnsäure, belasten die Ausscheidungsorgane und können eben auf Dauer zu Gicht führen.
Dies sollte eigentlich jedem Papageienhalter bekannt sein. Das ist auch der Grund, warum tierische Eiweiße in einer gesunden Papageienernährung nichts zu suchen haben. Es

gibt ja leider immer noch viele Halter, die ein Gesundheitsrisiko für ihre Tiere eingehen, indem sie jede Woche Ei, Hühnerfleisch, Joghurt oder ähnliches füttern. Dies ist nicht nur unnötig, sondern sogar schädlich.
Abgesehen davon war Aladdinchen den größten Teil ihres Lebens nicht gut ernährt worden. Als sie zu mir kam, konnten sie und ihr Partner Jazz zunächst gar nichts mit Obst und Gemüse anfangen, die selbstverständlich enorm wichtig für eine gesunde Papageienernährung sind. Mit der Zeit hat sie zwar alles gefressen, aber die jahrelange Mangelernährung hat ihrem Körper sicherlich auch nicht geholfen.
Armes Aladdinchen! Wenigstens hatte sie noch ein paar gute Jahre bei mir.

Liebe Grüße,

Ann.
am 29. Oktober 2011

7. Wer ist die AdlA Papageienhilfe?

Die AdlA Papageienhilfe gGmbH wurde kurz nach Nikitas Tod im Dezember 2003 als gemeinnützige GmbH gegründet, um Papageienvögeln und deren Haltern zu helfen.
Unser Ziel ist es, das Leben von Papageien in der Gefangenschaft zu verbessern. Dies geschieht durch Aufklärungsarbeit über Haltung, Gesundheit und Verhalten von Papageien vor und nach der Anschaffung durch den Halter.
Dadurch soll erreicht werden, dass möglichst viele Papageien ein langes und gesundes, artgerechtes Leben führen können und ihr ursprüngliches Zuhause behalten, anstatt zu Abgabevögeln zu werden. Unsere Beratung umfasst:

- Kaufberatung hinsichtlich der verschiedenen Arten, Aufzucht- bzw. Beschaffungsformen im Rahmen des Tierschutzgedankens und Anforderungen an den Halter. Wo möglich und sinnvoll, vermitteln wir auch Abgabetiere.
- die Optimierung der Haltungsparameter wie z.B. Käfiggröße, Partnertier, Ernährung, Licht, Luftfeuchtigkeit.
- Beratung bezüglich der Gesundheitsvorsorge von Papageien: insbesondere Ankaufsuntersuchung, Quarantäne und jährliche Untersuchungen.
- Beratung in Notfällen zur stabilisierenden Erstversorgung bis zum Tierarztbesuch.

- Verhaltenstherapie und -training.

Auch wenn es unser primäres Ziel ist, die Besitzer zu unterstützen, damit die Tiere in ihrem angestammten Zuhause bleiben können, ist dies nicht immer möglich. In den Fällen, in denen der Halter seine Tiere nicht mehr behalten kann oder möchte, helfen wir bei der Vermittlung der Tiere in ein neues artgerechtes Zuhause. In Einzelfällen, wenn ein Tier aufgrund von physischen oder psychischen Problemen nicht vermittelbar ist, nehmen wir auch Tiere in unseren Schwarm auf.

Unsere Arbeit wird durch Spenden finanziert:

Spendenkonto:	TaunusSparkasse Hoechst
Kontonummer:	320 382
Bankleitzahl:	512 500 00

8. Die Haltung von Papageien

Über die richtige Haltung von Papageien wurde 1995 von einer Expertenkommission ein Gutachten verfasst. Dieses „Gutachten, über die Mindestanforderungen an die Haltung von Papageien“ wird von Regierungsbeauftragten, wie zum Beispiel Amtstierärzten oder der Unteren Naturschutzbehörde, herangezogen, um zu beurteilen, ob Papageien und Sittiche tierschutzgemäß gehalten werden.

Es ist zwar unwahrscheinlich, dass bei einer Privatperson die Papageienhaltung kontrolliert wird. Dennoch ist dieses Gutachten gerade für den Privathalter, der seine Tiere liebt und ihnen deshalb, und nicht aus Angst vor Kontrollen ein gutes Zuhause bieten möchte, ein guter Anhaltspunkt für die tierschutzgemäße Haltung. Das Gutachten kann vollständig auf der Webseite des Bundesministeriums für Verbraucherschutz, Landwirtschaft und Ernährung (www.bml.de) nachgelesen beziehungsweise heruntergeladen und ausgedruckt werden. Der Einfachheit halber und weil es mir so sehr am Herzen liegt, gebe ich Euch hier eine Kurzübersicht über dieses Gutachten: Generell gilt, dass Papageien als Schwarmtiere, die zudem meistens lebenslänglich mit dem gleichen Partner verpaart sind, mindestens paarweise in Käfigen mit den nachfolgend aufgelisteten Mindestmaßen gehalten werden müssen. Da es sich bei den angegebenen Käfigmaßen um Mindesthaltungsanforderungen handelt, kann es von Bundesland zu Bundesland Abweichungen nach oben bezüglich der Größe geben. Auskunft gibt das für Euch zuständige Regierungspräsidium oder Euer Amtstierarzt. Bedenkt bitte stets, dass Papageien fliegen können müssen, um körperlich und geistig gesund zu bleiben. Ihr ganzer Organismus ist darauf ausgerichtet.

Mindestanforderungen an die Haltung von Papageien

Gesamtlänge der Vögel	Käfig- bzw. Volierenmaße (Breite x Tiefe x Höhe)
Sittiche	
< 25cm	1,0m x 0,5m x 0,5m
25cm – 40cm	2,0m x 1,0m x 1,0m
> 40cm	3,0m x 1,0m x 2,0m
Kurzschwänzige Papageien	
< 25cm	1,0m x 0,5m x 0,5m
25cm – 40cm	2,0m x 1,0m x 1,0m
> 40cm	3,0m x 1,0m x 2,0m
Aras	
< 40cm	2,0m x 1,0m x 1,5m
40cm – 60cm	3,0m x 1,0m x 2,0m
> 60cm	4,0m x 2,0m x 2,0m
Loris und andere Fruchtfresser	
< 20cm	1,0m x 0,5m x 0,5m
> 20cm	2,0m x 1,0m x 1,0m

9. Die Autorin

Ann M. Castro ist seit ihrer Kindheit von Vögeln und anderen Tieren umgeben. Aufgewachsen in einer Medizinerfamilie – die Mutter züchtete nebenbei Wellensittiche –, hat sie sich schon früh mit verhaltenspsychologischen und tiermedizinischen Themen auseinandergesetzt.

Seit Jahren engagiert sich die Autorin in ihrer Freizeit verstärkt für Papageien. Ihr Spezialgebiet ist die Arbeit mit physisch und psychisch kranken Papageien. 2003 hat Ann M. Castro die gemeinnützige AdlA Papageienhilfe gGmbH gegründet. AdlA steht für „Amigos de las Aves" und bedeutet Vogelfreunde. Ziel der Papageienhilfe ist es, das Leben von Papageien in der Gefangenschaft zu verbessern, insbesondere durch Aufklärungsarbeit in Bezug auf Haltung, Gesundheit und Verhalten. Ann M. Castro wird selbst von Tierärzten und Zoohändlern zu Rate gezogen und war bereits in zahlreichen Fernsehsendungen als Papageienexpertin zu Gast. Die studierte Ingenieurin der Verfahrenstechnik (B.A.Sc.) hält einen Master of Business Administration (M.B.A.) und arbeitet in der Finanzdienstleistungsbranche.

Weitere Publikationen von Ann Castro

Clickertraining für Papageien, Sittiche und andere Vögel
Das Clickertrainingbuch für Einsteiger erklärt, wie Clickertraining funktioniert. Es führt Dich Schritt für Schritt durch alle Anfängerübungen und zeigt Dir, wie Du Deinen Vögeln nützliche und unterhaltsame Verhaltensweisen beibringen kannst. Das Training wird Dir und Deinen Vögeln garantiert Spaß machen und Eure Beziehung festigen.
Broschiert: 152 Seiten, ISBN-13: 978-3939770015

Mehr Clickertraining für Papageien, Sittiche und andere Vögel
Das Clickertrainingbuch für erfahrene Trainer. Es führt Dich an fortgeschrittene Übungen heran, wie zum Beispiel Namen lernen, Auf Deinen Platz, Bleib, In den Käfig, Füßchen geben, Apportieren, Such-Verloren, u.v.a.m. Es enthält außerdem diverse Medical-Training-Übungen, wie zum Beispiel In die Transportbox gehen, Krallen schleifen, Aus der Spritze trinken, Fuß untersuchen und behandeln, Drei-Finger-Griff, Flügel untersuchen.
Broschiert: 196 Seiten, ISBN-13: 978-3939770060

Erste Hilfe für Papageien, Sittiche und andere Vögel
Das Erste-Hilfe-Buch für Vogelhalter bereitet Dich auf den Notfall vor. Im Detail beschreibt es die Erstellung einer homöopathischen und einer schulmedizinischen Notfallapotheke, Vorbereitung eines Behandlungsraumes und Erste-Hilfe-Maßnahmen. Das Buch beinhaltet Detailinformationen zu etlichen Verletzungen und Erkrankungen und deren Erstbehandlung.
Broschiert: 232 Seiten, ISBN-13: 978-3939770022

Gesundheitspass für Papageien, Sittiche und andere Vögel
Der Gesundheitspass erlaubt Dir, alle wichtigen gesundheitlichen Informationen zu Deinen Vögeln auf einen Griff zur Hand zu haben. Es werden alle erforderlichen Untersuchungen detailliert aufgeführt sowie Erkrankungen und Unfälle. Abgerundet wird der Gesundheitspass mit einer fünfjährigen wöchentlichen Gewichtstabelle.
ISBN-13: 978-3939770046

Aus der Serie Geschichten aus der Vogelschule

Band I: Papageiengeflüster, ISBN-13: 978-3939770282

Band III: Das Papageienparadies, ISBN-13: 978-3939770367

Unter dem Namen Anna G. Shiney

Clicker Training the Law of Attraction.
How to treat the Universe like a Dog.
Applying the principles of clicker training to make the law of attraction work for you. www.annashiney.com
ISBN-13: 978-3939770275
Demnächst auch in Deutsch.

Meine Publikationen gibt es größtenteils auch als kostengünstige ebook-Ausgaben (mobi, epub und PDF).

Aus unserem ann's-world-Shop für Dich und Deine Vögel:

Bio-Futter

100% bio und Lebensmittelqualität für alle Papageien, vom Wellensittich bis zum Ara. In unserem Sortiment findet Ihr Einzelsaaten und Futtermischungen für die verschiedensten Papageienarten und deren spezielle Bedürfnisse. Zusätzlich gibt es Kochfutter und andere Leckereien.

Bio-Kräuterstübchen

Die Natur bietet Vieles, um die Gesundheit unserer Papageien zu erhalten und zu stärken. In unserem Biokräuterstübchen bieten wir getrocknete Kräuter, Blüten und Tees, die durch ihre Inhaltsstoffe die Ernährung ergänzen und die Körper- und Organfunktionen unterstützen.

Bastelladen

Viele von uns möchten für unsere Lieblinge selber basteln. Leider ist es oft schwierig, interessante, aber dennoch vogelgerechte und -sichere Teile zu bekommen. Unser Bastelladen bietet ein umfangreiches Sortiment an Artikeln aus den verschiedensten Materialien.

Spielzeug

Die Papageienhalter, die keine Zeit, Lust oder kein Geschick zum Selberbasteln haben, finden bei uns eine Vielzahl der unterschiedlichsten Spielzeuge für unsere gefiederten Freunde. Dabei berücksichtigen wir die Größe und Spielvorlieben unserer Papageien, wie zum Beispiel Zerstörer, Bastler, Krachmacher.

Gesundheitsecke

Unsere Gesundheitsecke bietet verschiedenste Produkte zur Gesundheitvorsorge, aber auch zur Behandlung im Krankheitsfall unserer gefiederten Mitbewohner, wie zum Beispiel Vogelwaage, Inhalationsgeräte, Vitamine, Erste-Hilfe-Buch, Gesundheitspass und Erste-Hilfe-Zubehör.

Papageienheime und -zubehör

Papageien brauchen ein schönes und sicheres Zuhause zum Glücklichsein. Wir bieten in unserem Shop ausschließlich Edelstahlkäfige an, um lebensgefährliche Zinkvergiftungen auszuschließen. Dazu gibt es jede Menge Zubehör wie die verschiedensten Papageiensitze, Futterbehälter, UV-Lampen usw.

www.annsworld.de